俄罗斯网络空间安全体系研究

刘 刚◎著

时事出版社
北京

图书在版编目（CIP）数据

俄罗斯网络空间安全体系研究/刘刚著. —北京：时事出版社，2023. 10
ISBN 978-7-5195-0550-9

Ⅰ. ①俄…　Ⅱ. ①刘…　Ⅲ. ①计算机网络—网络安全—研究—俄罗斯
Ⅳ. ①TP393. 08

中国国家版本馆 CIP 数据核字（2023）第 149451 号

出版发行：时事出版社
地　　址：北京市海淀区彰化路 138 号西荣阁 B 座 G2 层
邮　　编：100097
发行热线：（010）88869831　88869832
传　　真：（010）88869875
电子邮箱：shishichubanshe@ sina. com
印　　刷：北京良义印刷科技有限公司

开本：787 × 1092　1/16　印张：15　字数：229 千字
2023 年 10 月第 1 版　2023 年 10 月第 1 次印刷
定价：97. 00 元
（如有印装质量问题，请与本社发行部联系调换）

前　言

作为继陆、海、空、天之外的第五维空间，网络空间随着人类社会信息化、数字化和智能化程度的不断提升，已经实现与人类社会的深度融合。中国外交部与国家互联网信息办公室在 2017 年 3 月联合发布的《网络空间国际合作战略》明确指出，网络空间给人类带来巨大机遇，同时也带来了不少新的课题和挑战，网络空间的安全与稳定成为攸关各国主权、安全和发展利益的全球关切。网络空间安全作为国家安全的主要内容之一，日益成为国家安全建设领域牵一发而动全身的关键要素。世界各主要国家为了谋求在网络空间中的竞争优势，高度重视网络空间安全建设，不断丰富和完善国家网络空间安全体系。

由于信息通信技术和国际互联网建设发展相对滞后，俄罗斯在网络空间安全建设领域存在一定不足。为了改变这一态势，俄罗斯不断完善作为网络空间安全体系顶层规划的网络空间安全战略，以适应网络空间安全形势的发展。俄罗斯 2014 年公布的《俄罗斯联邦网络空间安全战略构想（草案）》明确指出，要通过确定内外政策领域的优先事项、原则和措施体系，确保俄罗斯个人、组织和国家的网络空间安全。尽管该战略构想最终没有被正式颁布，但其关于网络空间安全保障的优先事项、基本原则和具体措施等内容却在之后的网络空间安全建设实践中得以充分体现，俄罗斯逐渐确立其国家网络空间安全体系。当然，由于网络空间安全斗争形势的尖锐性、紧迫性和复杂性，构建一套完善的网络空间安全体系确实困难较大。俄罗斯虽然在网络空间竞争态势中具有先天劣势，但其很多做法值得我们借鉴，如内容完备的法律法规、职能明晰的管理机构、层次分明的专业教育和系统整合的预警体系等。

本书除前言外共分为九章。第一章是对俄罗斯网络空间安全战略的阐述，主要从安全威胁、发展演变和主要内容三方面介绍作为俄罗斯网络空间安全体系顶层规划的网络空间安全战略。第二章是对俄罗斯网络空间安全法律体系的梳理，内容包括网络空间安全法律体系的发展历程、基本构成、重点领域和主要特点。第三章是对俄罗斯网络空间安全组织管理体系的探讨，内容包括网络空间安全组织管理体系的基本构成和主要特点。第四章是对俄罗斯网络空间安全专业教育体系的研究，内容包括发展历程、构建举措和主要特点。第五章是对俄罗斯网络空间安全国家标准体系的剖析，内容包括网络空间安全国家标准体系的法律基础、组织基础，以及国家标准的制定流程、内容构成和该体系的主要特点。第六章是对俄罗斯国家计算机攻击监测、预警和后果消除体系的探讨，内容包括国家计算机攻击监测、预警和后果消除体系的发展历程、任务、职能、构成、运行机制及其法律基础、财政和组织保障，以及国家计算机攻击监测、预警和后果消除体系建设的主要特点。第七章是对俄罗斯网络安全漏洞管理体系的分析，内容包括网络安全漏洞管理体系的法律基础、组织架构、信息平台和国家标准等。第八章是对俄罗斯国家网络空间靶场体系的探讨，内容包括国家网络空间靶场体系的基本情况、构想规划、目标要求、财政保障和实践活动等。第九章阐述了俄罗斯网络空间安全体系建设对中国的启示。此外，为了方便读者深入了解俄罗斯在网络空间安全建设领域的政策法规，本书附录部分还收录了三份相关的官方正式文件，供读者参考。

目　录

contents

第一章　俄罗斯网络空间安全战略

《俄罗斯联邦网络空间安全战略构想（草案）》指出，网络空间安全就是“保护网络空间所有组成部分免受尽可能多的威胁和不良影响的一系列条件的总和”,① 简单来讲就是网络空间免受安全威胁的状态。网络空间已经与现代国家的政治、经济、军事、科技和文化等领域高度融合，网络空间安全已成为各国国家安全战略的重要组成部分。俄罗斯在 2021 年 7 月颁布的新版《俄罗斯联邦国家安全战略》中首次将网络空间安全作为国家安全战略优先事项之一单独列出，标志着网络空间安全战略正式成为俄罗斯国家安全战略的主要组成部分。俄罗斯网络空间安全战略萌芽于信息安全意识的觉醒，成熟完善于应对日益严峻的网络空间安全威胁的实践中。

第一节　俄罗斯面临的网络空间安全威胁

2021 年版《俄罗斯联邦国家安全战略》指出，信息通信技术的飞速发展伴随着网络空间安全威胁的急剧增加。这主要体现在以下几个方面：网络空间

① Концепции Стратегии кибербезопасности Российской Федерации（проект）[EB/OL].［2022 - 2 - 28］. http：//council. gov. ru/media/files/41d4b3dfbdb25cea8a73. pdf.

主权受到挑战，网络空间军事威胁加剧，针对关键信息基础设施的网络攻击日益频繁，网络犯罪、网络恐怖主义和网络极端主义频发等。

一、网络空间主权受到挑战

网络空间主权作为国家网络空间安全的核心要素，在国际网络空间竞争日趋激烈的背景下，必然面临各种挑战。俄罗斯网络空间主权面临的威胁主要来自以下三个方面：

一是俄罗斯对境内互联网的管辖权受到挑战。美国掌握着全球互联网根服务器总量的绝大多数，因此在国际互联网管理中拥有巨大优势。2003 年和 2004 年美国曾分别终止伊拉克和利比亚国家顶级域名“. iq”和“. ly”的申请和解析，致使这两个国家在互联网中消失。2021 年版《俄罗斯联邦国家安全战略》在列举俄罗斯面临的网络空间威胁时，排在首位的就是“利用信息通信技术干涉各国内政，损害其主权和领土完整”。2016 年 2 月，俄罗斯联邦数字发展、通信和大众传媒部部长尼古拉·尼基福罗夫就克里米亚域名被删除表示：“克里米亚域名被删除，这是我们遭到的史无前例的政治侵害。我认为，在互联网历史上，网络资源的命运是根据美国政府的指示来决定的。尽管美国喜欢说互联网与政治无关，但不知为何删除域名。”“我们应该准备一系列措施，来防止俄罗斯段互联网被封锁。”① 此后，俄罗斯在数次全国互联网“断网”演习的基础上，于 2019 年 5 月颁布了《〈俄罗斯联邦通信法〉及〈俄罗斯联邦信息、信息技术和信息保护法〉修正案》，即“主权互联网法案”，为实现境内互联网的管辖权奠定了物质条件和法律基础。

二是网络空间意识形态传播危及国家主权安全。在近些年后苏联空间发生的一系列“颜色革命”进程中，美国情报机构借助推特（Twitter）、脸书（Facebook）、优兔（YouTube）等互联网社交工具在网络空间传播虚假政治信息，

① 俄通信部长：俄应制定措施防止在西方制裁时俄境内互联网被封锁［EB/OL］.［2022－2－28］. https：//sputniknews. cn/20160216/1018101971. html.

煽动网络空间舆论，进而在线下诱导民众以抗议游行、破坏选举等形式破坏国家政权的稳定。2016 年版《俄罗斯联邦信息安全学说》指出，信息通信技术被广泛用于施加意识形态领域的影响，破坏各国的政治与社会局面，损害其他国家主权和领土完整。[①] 2021 年版《俄罗斯联邦国家安全战略》也明确指出：跨国公司试图在互联网上建立垄断地位并控制所有信息资源，与此同时，这些公司（在没有法律依据和违反国际法的情况下）对其他互联网平台实行审查和封锁。出于政治原因，互联网用户被强加了对历史事实以及俄罗斯和世界上发生的事件的扭曲看法。[②] 俄罗斯互联网安全联盟执行主席丹尼斯·达维多夫曾在 2013 年指出，谷歌公司有意识地进行影响俄罗斯内政事务的活动，甚至在俄罗斯公民和政府官员中推销自己的产品，目的是削弱俄罗斯的数字主权。[③] 2019 年 9 月，俄罗斯联邦通信、信息技术和大众传媒监督局表示其发现在统一投票日当天，谷歌和脸书的网站上有应该被禁止的政治广告，因此他认为这一行为是在干涉俄罗斯内政。有关违规行为的信息已发送给议会负责调查外国干涉俄罗斯事务的委员会。[④]

三是数据非法跨境流动危及国家数据主权。数据主权作为国家网络空间主权的组成部分，随着当代信息社会数字化发展，其重要性日益明显，地位越来越突出。因此，数据跨境流动的合法与否直接危及国家数据主权的安全。2016 年版《俄罗斯联邦信息安全学说》就指出，信息的跨境流动性越来越多被用于

---

① Указ Президента Российской Федерации от 05. 12. 2016 г. №646. Об утверждении Доктрины информационной безопасности Российской Федерации [EB/OL]. [2022 - 2 - 28]. http：//www. kremlin. ru/acts/bank/41460.

② Указ Президента Российской Федерации от 02. 07. 2021г. №400. О Стратегии национальной безопасности Российской Федерации [EB/OL]. [2022 - 2 - 28]. http：//www. kremlin. ru/acts/bank/47046.

③ Google угрожает “цифровому суверенитету” России [EB/OL]. [2022 - 2 - 28]. https：//sweet211. ru/Google-ugrojaet-cifrovomu-suverenitetu-rossii. html.

④ 俄联邦通信、信息技术和传媒监督局：谷歌和脸书故意试图影响俄选举结果 [EB/OL]. [2022 - 2 - 28]. https：//sputniknews. cn/20190910/1029521068. html.

获得地缘政治优势。为了维护数据主权，俄罗斯先后颁布《俄罗斯联邦个人数据法》和《俄罗斯联邦信息、信息技术和信息保护法》等法律。但从数据安全监管现实来看，在俄罗斯开展业务活动的国际互联网公司一直试图将各类数据尤其是个人数据传输至国外服务器。如2018年4月，英国剑桥分析公司前雇员克里斯托弗·怀利对媒体讲述该公司活动时表示，不排除该公司经泄漏所获得的社交网络脸书用户数据来自不同的国家，其中就包括俄罗斯。① 2020年2月，脸书和推特因拒绝本地化用户数据而被俄罗斯法院分别处以400万卢布和1800万卢布罚款。2021年8月，脸书和推特因再度拒绝本地化用户数据而被俄罗斯法院分别处以1500万卢布和1700万卢布罚款。

二、网络空间军事威胁加剧

2018年4月，俄罗斯联邦总统信息安全领域国际合作问题特别代表安德烈·克鲁茨基赫在第10届俄罗斯互联网管理论坛上针对网络空间军事威胁日益严峻的现状，十分担忧地指出："根据相关资料，全球有130多个国家已经在演习中完成实施网络空间战的方法和手段。但糟糕的是，其中一些国家采取了先发制人的网络作战原则。"② 2021年版《俄罗斯联邦国家安全战略》也明确指出，外国情报部门在俄罗斯信息空间开展情报和其他行动的活动正在加强，这些国家的武装力量正在演练使俄罗斯关键信息基础设施瘫痪的行动。俄罗斯面临的网络空间军事威胁主要体现在以下方面：

一是以美国为首的北约国家竞相发展网络空间军事力量。2008年5月，北约在爱沙尼亚首都塔林成立北约合作网络防御卓越中心，主要职责是构建成员国网络空间情报共享机制，协调成员国网络空间防御与进攻行动，提升成员国

---

① 专家：经泄露所获脸书数据或有来自俄罗斯的［EB/OL］.［2022－2－28］. https://sputniknews.cn/20180408/1025102261.html.

② Спецпредставитель президента России назвал возможный повод к гонке кибервооружений［EB/OL］.［2022－2－28］. https://tass.ru/politika/6306425.

网络空间作战能力。英国在2013年5月宣布成立隶属于国防部联合作战司令部的联合作战网络小组，负责协调英军网络作战行动。2017年8月，美国将网络司令部升级为联合作战司令部，进一步整合了美军的网络空间作战力量。2017年1月，法国成立网络司令部负责网络空间作战。2017年4月，德国国防军网络与信息空间司令部成立。2022年2月，波兰宣布成立网络空间防御部队，负责网络空间侦察、进攻与防御行动。北约国家网络空间军事力量的不断发展影响了网络空间的战略稳定，对俄罗斯的网络空间安全造成威胁。

二是俄罗斯遭受现实的网络空间军事威胁。俄罗斯在2016年版《俄罗斯联邦信息安全学说》中就明确指出：有些国家和组织使用信息技术针对俄罗斯军事政治目标开展大规模攻击行动，这些行为违反国际法，以损害俄罗斯及盟国的主权、领土完整、社会政治稳定为目的。① 从现实情况来看，俄罗斯联邦安全局2016年7月曾宣布，已经查明外国情报机关使用恶意间谍软件针对20多个俄罗斯战略目标的电脑实施了大规模网络攻击。这些目标涉及国防部、经济发展部、紧急情况部、核工业部门、航天部门、军事科研单位和军工企业。俄罗斯联邦安全局宣称："这是一次事先策划好的，有计划的，针对特定目标的网络攻击活动。"2018年9月美国国防部发布的"2018年国防部网络战略报告"认为，俄罗斯试图利用网络活动影响美国国民意识形态，挑战其民主进程，进而明确将俄罗斯视为网络空间军事竞争的对手。2020年3月，俄罗斯联邦国防部部长绍伊古在俄罗斯联邦委员会关于俄罗斯武装力量发展现状和方向的质询中指出，过去3年来，武装力量的信息基础设施遭到来自境外的2.5万多次高科技计算机攻击，并且其数量平均每年增长12%。②

---

① Указ Президента Российской Федерации от 05. 12. 2016 г. №646. Об утверждении Доктрины информационной безопасности Российской Федерации [EB/OL]. [2022 - 2 - 28]. http://www.kremlin.ru/acts/bank/41460.

② 俄罗斯国防部设施三年来遭到2.5万多次境外网络攻击 [EB/OL]. [2022 - 2 - 28]. https://sputniknews.cn/20200325/1031082497.html.

三、针对关键信息基础设施的网络攻击日益频繁

关键信息基础设施作为网络空间的重要组成部分，在网络空间安全中占有绝对重要的地位。2021 年版《俄罗斯联邦国家安全战略》指出，针对俄罗斯信息资源的计算机攻击越来越多，这些攻击大多来自外国领土。俄罗斯关键信息基础设施作为俄罗斯信息资源的关键组成部分，根据《俄罗斯联邦关键信息基础设施安全法》的规定，指的是医疗卫生、科学、运输、通信、能源、银行与金融、燃料动力、原子能、国防工业、火箭航天工业、采矿业、冶金业和化工业 13 个领域的信息资源。①

据俄罗斯官方统计报道显示，近年来针对俄罗斯关键信息基础设施的网络攻击日益频繁，俄罗斯网络空间安全面临重大挑战和威胁。2018 年 12 日，俄罗斯联邦安全会议副秘书奥列格·赫拉莫夫在接受《俄罗斯报》采访时指出，根据国家计算机事件协调中心的统计数据，2018 年内针对俄罗斯关键信息基础设施的网络攻击达到约 43 亿次，其中，相互协调、有针对性的计算机攻击案件越来越多，这类攻击在 2014 年至 2015 年的年平均数量约为 1500 次，2018 年已经超过 17000 次。② 而在关于网络攻击重点领域的问题上，2021 年 4 月，俄罗斯联邦国家计算机事件协调中心副主任尼古拉·穆拉绍夫接受俄新社采访时指出，针对政府机构的网络攻击正在逐年增加，在 2019 年遭受网络攻击占比最大的领域是银行（金融）业，达到 33%。而在 2020 年多达 58% 的网络攻击对象是政府机构，相比 2019 年占比上升了 1 倍。③ 2021 年 9 月，俄罗斯联邦

---

① Федеральный закон от 26. 07. 2017 г. №187 – ФЗ. О безопасности критической информационной инфраструктуры Российской Федераци [EB/OL]. [2022 – 2 – 28]. https: //base. garant. ru/71730198/.

② В России выявили свыше четырех млрд кибератак на критические инфраструктуры [EB/OL]. [2022 – 3 – 3]. https: //www. securitylab. ru/news/500473. php.

③ Центр киберугроз ФСБ: в 2020 году большая часть кибератак была направлена на органы власти [EB/OL]. [2022 – 3 – 3]. https: //telesputnik. ru/materials/gov/news/tsentr-kiberugroz-fsb-v-2020-godu-bolshaya-chast-kiberatak-byla-napravlena-na-organy-vlasti.

安全会议秘书尼古拉·帕特鲁舍夫谈到正在进行的国家杜马选举时指出，仅在9月17日至19日的选举进程中，就有超过900次针对远程电子投票系统的网络攻击，攻击的目的是破坏远程电子投票系统以及实施恶意软件渗透等。① 面对关键信息基础设施频繁遭受网络攻击，普京于2022年3月签署《俄罗斯联邦关键信息基础设施安全与技术独立保障措施》总统令，规定自2022年3月31日起关键信息基础设施主体在政府采购中不得购买外国信息产品（包括软件和硬件）用于关键信息基础设施运行，自2025年1月1日起，全面禁止在关键信息基础设施中使用外国信息产品。②

四、网络犯罪、网络恐怖主义和网络极端主义频发

网络犯罪、网络恐怖主义和网络极端主义都是利用信息通信技术在网络空间实施的不法行为活动，当它们的数量和规模达到一定程度时，可能对国家和社会安全造成巨大危害。2021年版《俄罗斯联邦国家安全战略》指出，信息通信技术提供的匿名性为犯罪提供了便利，使犯罪收益趋向合法化，通过信息通信网络互联网发布恐怖组织和极端主义组织的材料，教唆网民进行极端主义活动以及针对社会秩序的大规模破坏活动，皆是俄罗斯网络空间面临的重要威胁。

在网络犯罪领域，俄罗斯联邦内务部新闻处在2019年2月向社会通报：2018年警方记录在案的电信和计算机信息领域犯罪案件达到20.6万件，而其中成功破获的案件约2.4万件。③ 2021年2月，俄罗斯联邦内务部新闻处向社

---

① Патрушев рассказал о кибератаках на системы электронного голосования [EB/OL]. [2022-3-3]. https://ria.ru/20210929/ataki-1752247503.html.

② Указ Президента Российской Федерацииот 30.03.2022г. №166. О мерах по обеспечению технологической независимости и безопасности критической информационной инфраструктуры Российской Федерации [EB/OL]. [2022-3-3]. http://www.kremlin.ru/acts/bank/47688.

③ В России число киберпреступлений за год увеличилось на 73% [EB/OL]. [2022-3-3]. https://russian.rt.com/russia/news/828179-statistika-kiberprestupleniya-rossiya.

会通报："2020 年警方记录在案的利用信息电信技术实施的犯罪行为总计达 51.04 万件，相比 2019 年增长了 73.4%，其中 80% 的网络犯罪是以网络盗窃和网络欺诈的形式实施的。①2021 年 5 月，俄罗斯联邦总检察院组织分析总局局长安德烈·内克拉索夫在接受塔斯社采访时指出："近年来利用信息通信技术在计算机信息领域实施的犯罪数量，已经上升到足以将其视为对国家安全造成威胁的程度，特别是考虑到记录在案的不超过 25% 的极低破案率的情况。"②

在网络恐怖主义领域，2021 年 5 月，俄罗斯联邦外交部副部长奥列格·瑟罗莫洛托夫在接受俄罗斯卫星通讯社采访时表示，新冠病毒感染疫情加速了犯罪分子利用信息通信技术的势头，包括筹集资金、宣传恐怖主义以及为恐怖组织招募新支持者。2021 年 8 月，俄罗斯联邦外交部新威胁与新挑战司司长弗拉基米尔·塔拉布林在接受卫星通讯社采访时指出："在新冠病毒感染疫情的情况下，恐怖主义威胁转入网络的情况要求各国共同努力。"他说："很明显，这个问题的规模要求所有国家与公民社会、信息行业共同努力，打击将互联网用于犯罪目的的行为。"③2021 年 10 月，俄罗斯联邦安全会议秘书尼古拉·帕特鲁舍夫在安全机构和情报部门联席会议上指出，恐怖分子已经在创建自己的网络部队，而且最令人担忧的是，难以及时确定攻击的真正来源，从而可能会导致严重的国家间冲突，甚至是武装冲突。④

在网络极端主义领域，2016 年 8 月，俄罗斯索瓦信息分析中心主任 A. 维尔霍夫斯基在接受《透视俄罗斯》记者采访时指出，过去 5 年来，俄罗斯对网

① В России число киберпреступлений за год увеличилось на 73% [EB/OL]. [2022-3-3]. https://russian.rt.com/russia/news/828179-statistika-kiberprestupleniya-rossiya.

② В Генпрокуратуре заявили, что киберпреступность стала представлять угрозу нацбезопасности [EB/OL]. [2022-3-3]. https://tvzvezda.ru/news/2021524631-BFWao.html.

③ 俄罗斯外交部：恐怖主义威胁转入网络的情况要求各国共同努力 [EB/OL]. [2022-3-4]. https://sputniknews.cn/20210803/1034198331.html.

④ 俄罗斯安全会议秘书：恐怖分子正在创建自己的网络部队或导致国家间冲突 [EB/OL]. [2022-3-4]. https://sputniknews.cn/20211013/1034634291.html.

络极端主义的审判增加了3.5倍。这其中大多数内容体现的是种族主义，比如唆使攻击移民的视频。第二大类内容是教唆人们参加“圣战”或加入在俄罗斯被禁止的组织，如“伊斯兰国”。[①] 2017年3月，俄罗斯联邦内务部部长科洛科利采夫在接受俄罗斯卫星通讯社采访时表示，内务部正在监控发布在各个网站上的信息，以便发现极端性内容并采取法律规定的回应措施。通过2016年的联合行动，3000多个传播种族和宗教仇恨的账号，以及为一系列激进组织招募成员的网站被屏蔽了。[②] 2020年5月，俄罗斯公布的《2025年前打击极端主义国家战略》明确指出，包括互联网在内的信息通信网络已成为极端主义和恐怖主义组织用来吸引新成员、组织和协调极端主义犯罪、传播极端主义意识形态的主要通信手段。必须改进俄罗斯在打击极端主义领域的立法，以制止极端主义材料通过电子媒体及信息通信网络互联网的生产和传播。[③]

第二节　俄罗斯网络空间安全战略的发展演变

网络空间安全战略作为国家安全战略的重要组成部分，是保障国家网络空间安全的顶层设计和战略规划。俄罗斯网络空间安全战略的发展演变相比世界其他国家有两个明显不同的特点：一是没有正式颁布的名为“网络空间安全战略”的文件；二是在相关国家战略规划文件中基本不使用网络空间安全这一术语。但这并不意味着俄罗斯没有网络空间安全战略，俄罗斯的网络空间安全战略主要体现在一系列关于网络空间安全的战略规划文件中。[④] 俄罗斯网络空间安全战略的发

① 网络极端主义：在俄罗斯转发和点赞可能获刑［EB/OL］.［2022-3-4］. http://tsrus.cn/shizheng/2016/08/19/617659.

② 俄罗斯内务部：俄罗斯2016年屏蔽3000多个极端主义网站［EB/OL］.［2022-3-4］. https://sputniknews.cn/20170309/1022052378.html.

③ Стратегия противодействия экстремизму в Российской Федерации до 2025 года［EB/OL］.［2022-3-4］. http://www.scrf.gov.ru/security/State/document130/.

④ 《俄罗斯联邦网络空间安全战略构想（草案）》认为，网络空间安全是信息安全的下位概念。

展演变经历了早期酝酿、初步发展和成熟完善三个阶段。

一、早期酝酿阶段

俄罗斯网络空间安全战略萌发于信息安全意识的觉醒以及对国家信息安全问题的关注。1992 年 3 月，俄罗斯颁布《俄罗斯联邦安全法》，确定成立俄罗斯联邦安全会议作为国家安全的领导和决策机构，并着手构建俄罗斯国家安全保障体系。与此同时，《俄罗斯联邦安全会议条例》由俄罗斯联邦安全会议主席即总统批准颁布，成立俄罗斯联邦安全会议信息安全跨部门委员会，作为俄罗斯联邦安全会议在信息安全领域的决策咨询和行动协调机构。这一时期，为了进一步加强国家信息安全政策的实施以及对信息安全业务工作的领导，俄罗斯还先后组建了俄罗斯联邦政府通信与信息署和俄罗斯联邦总统国家技术委员会（简称国家技术委员会），分别负责政府机构通信网络安全和国家信息安全保障，初步构建起国家网络空间安全组织管理体制。1992 年 9 月，俄罗斯颁布了《俄罗斯联邦计算机软件和数据库法律保护法》，标志着俄罗斯网络空间安全意识开始体现在国家安全决策和立法中。此后，俄罗斯密集制定、颁布了一系列关于信息安全的战略规划文件，如：《俄罗斯联邦信息安全构想（草案）》《建设和发展俄罗斯统一信息空间和相关国家信息资源构想》《俄罗斯联邦国家信息政策构想》《完善俄罗斯联邦信息安全法律保障构想（草案）》和《俄罗斯信息社会建设构想》等。上述战略规划文件中的《俄罗斯联邦信息安全构想（草案）》尽管拟制完成后并未正式颁布，但其所蕴涵的思想却通过其他战略规划文件、俄罗斯相关法律法规以及具体安全建设举措得以体现，可以说是这一时期网络空间安全战略的顶层设计。

《俄罗斯联邦信息安全构想（草案）》明确指出，俄罗斯网络空间安全的主要目标包括：

一是在信息进程全球化、世界信息网络形成以及美国和其他发达国家追求信息主导地位的背景下保护俄罗斯的国家利益。这一目标表述意味着俄罗斯已经意识到自身在全球信息化和互联网发展建设进程中的落后地位，因此，是否能够平等参与互联网管理，充分利用互联网促进国家发展已经影响到俄罗斯的国家安全。为此，俄罗斯于 1996 年颁布了《俄罗斯联邦参与国际信息交流法》，并于 1999 年开始起草《俄罗斯联邦互联网使用和发展国家政策法（草案)》，目的是从法理层面建立俄罗斯在互联网建设使用领域的法律基础。

二是为国家权力执行机关、国家管理机关、企业和公民提供决策所需的真实、完整和及时的信息，防止信息资源的完整性受到侵犯及被非法使用。为了实现这一目标，俄罗斯先后颁布《俄罗斯联邦总统国家技术委员会条例》《俄罗斯联邦国家免受外国技术侦察和技术途径泄露信息保护条例》《俄罗斯联邦安全局法》《俄罗斯联邦信息保护设备认证法令》《俄罗斯联邦信息、信息技术和信息保护法》《加密设备研发、生产、销售、维护及提供信息加密服务领域执法措施》总统令和《俄罗斯联邦机密信息清单》总统令等法规，从组织、技术和法律等各领域确保了对俄罗斯信息资源安全的保障。

三是实现公民、组织和国家接收、传播和使用信息的权利。为了给俄罗斯公民、组织和国家提供可靠的信息环境并使之充分享有信息权，俄罗斯先后颁布了《建设和发展俄罗斯联邦统一信息空间和相关国家信息资源构想》《俄罗斯联邦国家信息政策构想》和《俄罗斯联邦信息社会建设构想》等战略规划文件，大力推动俄罗斯的信息社会建设。而俄罗斯之所以致力于信息社会建设，除了全球信息化发展大背景的影响外，也有自己独特的安全理念的考量。正如《俄罗斯联邦信息安全构想（草案)》所强调的，信息环境作为国家安全各个领域的一个重要因素，积极影响俄罗斯政治、经济、国防和其他国家安全组成部分的状况。同时，它也是一个独立的国家安全领域。①

---

① Концепция информационной безопасности Российской Федерации（проект）[EB/OL].［2022－3－4］. http：//emag. iis. ru/arc/infosoc/emag. nsf/BPA/4d900a096c2bf5b9c325763f0045a87f.

二、初步发展阶段

进入21世纪后，全球信息化进程虽然给俄罗斯带来新的机遇，但信息通信技术的飞速发展也使俄罗斯网络空间安全面临一系列新的挑战。2000年9月，俄罗斯颁布首部《俄罗斯联邦信息安全学说》。该文件系统阐述了俄罗斯面临的网络空间安全威胁，明确了俄罗斯在网络空间的国家利益，指出俄罗斯在保障网络空间安全领域的一系列具体任务，这标志着俄罗斯网络空间安全战略的初步形成。为了进一步完善俄罗斯网络空间安全建设的顶层规划，俄罗斯又先后出台多部相关战略规划文件，如：《2002—2010年俄罗斯联邦信息化建设目标纲要》《俄罗斯联邦信息安全保障领域科研工作主要方向》《俄罗斯联邦武装力量信息空间活动构想观点》《2020年前俄罗斯联邦国际信息安全领域国家政策框架》《俄罗斯联邦网络空间安全战略构想（草案）》和《2014—2020年俄罗斯联邦信息技术产业发展战略及2025年前远景展望》等。

在这一系列战略规划文件中，《俄罗斯联邦网络空间安全战略构想（草案）》虽然因俄罗斯联邦安全局的强烈反对而未正式颁布①，但其相关具体内容却对这一时期俄罗斯网络空间安全建设实践起到引领和指导作用。如《俄罗斯联邦网络空间安全战略构想（草案）》规定，俄罗斯网络空间安全保障的优先事项主要包括：一是发展国家网络攻击防护和网络空间威胁预警体系，对该领域个人防护体系的建设和发展予以奖励；二是根据时代要求发展和更新相关机制，提升关键信息基础设施的可靠性；三是改善网络空间国家信息资源安全保障措施；四是制定网络空间安全领域国家、企业和公民社会的合作机制；五是发展公民数字素养和网络空间安全行为文化；六是发展旨在提高全球网络空

---

① 俄罗斯联邦安全局认为，网络空间安全概念并非俄罗斯现行战略规划文件及法律法规中所使用的术语，并且信息安全概念已经包含网络空间安全，《俄罗斯联邦网络空间安全战略构想》的颁布将对既有国家信息安全保障体系产生巨大影响。

间安全水平的国际合作的协议与机制。①

从这一时期俄罗斯网络空间安全实践发展来看，上述网络空间安全保障的优先事项已基本实现。2014 年 12 月，俄罗斯联邦总统普京批准了《国家计算机攻击俄罗斯联邦信息资源监测、预警和后果消除体系构想》总统令，俄罗斯开始着手建设国家网络攻击防护和网络空间威胁预警体系。2015 年，俄罗斯联邦国家杜马信息政策、信息技术与通信委员会开始起草《俄罗斯联邦关键信息基础设施法（草案）》，为关键信息基础设施安全保障准备法律基础。2015 年 5 月，普京批准《俄罗斯联邦信息安全的若干问题》总统令，授权俄罗斯联邦保卫局负责俄罗斯互联网国家网段运营及安全，以确保国家信息资源的网络空间安全。从 2015 年 9 月起，俄罗斯中小学开始开设网络空间安全课程，并同步开展“网络空间安全周”活动，旨在培育中小学生网络空间安全素养。2015 年 6 月，通过了由俄罗斯倡议设立的联合国信息安全政府专家组向联合国大会裁军与国际安全委员会提交的“负责任国家行为规范、规则和原则”，进一步完善了国际网络空间安全合作的认知基础。总之，《俄罗斯联邦网络空间安全战略构想（草案）》体现了这一时期俄罗斯网络空间安全战略的基本思想，一定程度上发挥了俄罗斯网络空间安全战略顶层设计的作用。

三、成熟完善阶段

2016 年 12 月，俄罗斯出台新版《俄罗斯联邦信息安全学说》。该学说不仅吸纳了《俄罗斯联邦网络空间安全战略构想（草案）》的主要思想，而且第一次明确界定了俄罗斯在网络空间安全领域的国家利益，这就使得这一阶段的网络空间安全战略更具有针对性和现实指导性。新版《俄罗斯联邦信息安全学说》指出，俄罗斯在网络空间安全领域的国家利益包括：一是保障和保护宪法赋予公民在获取和使用信息方面的权利和自由，保障在使用信息技术时个人生

---

① Концепции Стратегии кибербезопасности Российской Федерации（проект）[EB/OL].［2022－3－4］. http：//council. gov. ru/media/files/41d4b3dfbdb25cea8a73. pdf.

活不受侵犯，保障国家和公民社会的协调机制，以及通过使用信息技术保护俄罗斯各民族人民的历史、文化、民族精神和道德；二是无论是平时还是战时，在遭到直接侵略威胁时，要保障信息基础设施稳定和连续运行，以及保障俄罗斯的关键信息基础设施安全和俄罗斯通信网络安全；三是发展俄罗斯的信息技术和电子产业，完善生产和科研活动，组织研发、生产和使用信息安全保障设备，扶持和保障信息安全产业发展；四是准确无误地传达俄罗斯的国家政策和对国内外重要事件的官方立场，运用信息技术保障俄罗斯文化领域的国家安全；五是促进国际信息安全体系的建立，抵御利用信息技术破坏战略稳定的威胁，在信息安全领域加强平等的战略伙伴关系，保障俄罗斯在信息领域的主权。① 此外，俄罗斯还出台了其他网络空间安全相关战略规划文件，主要包括：《2017—2030 年俄罗斯联邦信息社会发展战略》《俄罗斯联邦国家数字经济纲要·信息安全联邦项目》《俄罗斯联邦信息安全领域科学研究主要方向》《俄罗斯联邦国际信息安全领域国家政策框架》和《俄罗斯联邦国家安全战略》等。这些文件的颁布实施，进一步完善了俄罗斯国家网络空间安全战略的顶层规划，对俄罗斯夯实网络空间安全法律基础，完善网络空间安全组织管理体制机制，加强网络空间安全教育，构建网络空间安全监测预警体系等具有重要指导意义。

第三节　俄罗斯网络空间安全战略的主要内容

俄罗斯网络空间安全战略以相应法律法规为基础，以网络空间安全相关战略规划文件为指导，以有关组织管理机构为主体，实施了一系列切实可行的举措，构建了包括网络空间安全战略目标、网络空间安全战略力量和网络空间安

① Указ Президента Российской Федерации от 05. 12. 2016 г. №646. Об утверждении Доктрины информационной безопасности Российской Федерации [EB/OL]. [2022－3－6]. http://www.kremlin.ru/acts/news/53418.

全战略实施路径在内的完整战略体系。

一、维护网络空间主权

2016 年版《俄罗斯联邦信息安全学说》指出，要维护俄罗斯网络空间主权，实行独立自主的网络空间安全政策，保障俄罗斯在网络空间领域的国家利益。2021 年版《俄罗斯联邦国家安全战略》更是强调，俄罗斯网络空间安全的核心目标就是维护俄罗斯在网络空间的主权。为了落实维护网络空间主权的战略目标，俄罗斯先后颁布或修订《俄罗斯联邦信息、信息技术和信息保护法》、《俄罗斯联邦信息安全的若干问题》总统令、《俄罗斯联邦互联网国家网段章程》、“主权互联网法案”、《俄罗斯联邦安全会议关键信息基础设施发展领域国家技术主权保障跨部门委员会条例》总统令等法律法规，明确了俄罗斯联邦安全局、俄罗斯联邦保卫局和俄罗斯联邦安全会议关键信息基础设施发展领域国家技术主权保障跨部门委员会等机构在维护网络空间主权领域的具体职责。具体说来，俄罗斯主要实行了以下几方面措施：

一是建设“主权互联网”。俄罗斯很早就意识到国际互联网管理的垄断性问题，2015 年 2 月时任俄罗斯联邦政府总理梅德韦杰夫在出席第二届世界互联网大会时就指出：“任何国家都不应企图成为世界互联网的全能管理者，这里没有任何历史功绩和现实情况。”① 2021 年版《俄罗斯联邦国家安全战略》更是明确指出，要提高俄罗斯统一通信网络、国际互联网俄罗斯部分和其他重要信息通信基础设施的安全性和稳定性，防止外国对其的控制。② 从互联网管理国际化实践来看，国际互联网的发展历史及美国企图主导互联网管理的现实，使得各国都面临互联网管理的主权管辖不彻底、不全面问题。俄罗斯为了解决

① 俄总理：互联网的管理应由国际组织来主导［EB/OL］.［2022－3－6］. https：//sputniknews. cn/20151216/1017383398. html.

② Указ Президента Российской Федерации от 02. 07. 2021 №400. О Стратегии национальной безопасности Российской Федерации［EB/OL］.［2022－3－6］. http：//www. kremlin. ru/acts/bank/47046.

这一问题，在颁布互联网建设、管理相关法律法规的背景下，从2014年开始采取互联网“断网”测试、备份互联网关键基础设施和镜像域名根服务器等措施，不断强化对本国境内互联网的管辖权。同时，俄罗斯还通过联合国、国际电信联盟等国际平台，向世界各国呼吁互联网管理的本地化和主权化。

二是发展自主可控网络空间安全技术体系。自主可控的网络空间安全技术是保障国家网络空间主权的重要前提。2016年版《俄罗斯联邦信息安全学说》明确指出，个别国家利用信息技术优势谋取信息空间的主导权是俄罗斯面临的现实网络空间安全威胁。为了发展自主可控的网络空间安全技术体系，俄罗斯建立了俄罗斯联邦安全会议关键信息基础设施发展领域的国家技术主权保障跨部门委员会：一方面不断推进网络空间安全设施领域的“国产替代战略”，提高网络空间安全设施的国产化率；另一方面以《俄罗斯联邦信息安全领域科学研究主要方向》为指导文件，不断加快网络空间安全领域科学技术的自主研发。

三是发展网络空间军事力量。网络空间军事力量是维护国家网络空间主权的关键力量。为了维护网络空间主权，《俄罗斯联邦武装力量信息空间活动构想观点》明确指出，在信息空间的冲突升级或者冲突进入危机阶段的情况下，可以采用不违背公认的国际法准则和原则的各种有效方式和手段来行使单独或集体自卫权。① 2014年，俄罗斯战略导弹部队开始配属专门的网络空间安全防护分队。2017年2月，俄罗斯联邦国防部部长绍伊古在国家杜马会议上首次公开承认俄军已经建立信息战部队。2021年版《俄罗斯联邦国家安全战略》强调要发展信息对抗力量和手段。②

---

① Концептуальные взгляды на деятельность Вооруженных Сил Российской Федерации в информационном пространстве [EB/OL]. [2022 - 3 - 6]. https://ens.mil.ru/science/publications/more.htm? id = 10845074%40cmsArticle.

② Указ Президента Российской Федерации от 02.07.2021г. №400. О Стратегии национальной безопасности Российской Федерации [EB/OL]. [2022 - 3 - 6]. http://www.kremlin.ru/acts/bank/47046.

二、巩固国家网络空间安全

《俄罗斯联邦网络空间安全战略构想（草案）》指出，该战略的目的是通过确定国内外政策方面的重点、原则和措施，保障俄罗斯公民、组织和国家的网络空间安全。为保障国家网络空间安全，该战略明确了一系列加强俄罗斯网络空间安全保障的优先事项。以此为基本依据，俄罗斯先后颁布一系列战略规划文件和法律法规，为巩固国家网络空间安全采取了一系列具体措施，主要包括：

一是建设国家网络空间安全预警和监控体系。国家层面的网络空间安全预警和监控体系是巩固国家网络空间安全的关键力量。在网络空间安全预警和监控体系的组织建设领域，普京于2013年1月签署命令，赋予俄罗斯联邦安全局在建设国家计算机攻击监测、预警和后果消除体系中的权利职责。2018年9月，俄罗斯联邦安全局设立了国家计算机事件协调中心，作为国家计算机攻击监测、预警和后果消除体系的总中心。在顶层设计方面，普京于2014年12月批准了《国家计算机攻击俄罗斯联邦信息资源监测、预警和后果消除体系构想》总统令。此后，在俄罗斯联邦安全局的主导下，国家计算机攻击监测、预警和后果消除体系建设不断加快，国家权力执行机关、各关键信息基础设施行业领域机构、企业以及大量私营企业纷纷加入该体系。

二是巩固关键信息基础设施安全。关键信息基础设施作为国家信息资源的关键组成部分，它的安全水平决定着国家网络空间安全的总体水平。2021年版《俄罗斯联邦国家安全战略》明确指出，要形成可靠的信息流通安全环境，提高俄罗斯关键信息基础设施的安全性及其运行的稳定性。① 俄罗斯以《俄罗斯联邦关键信息基础设施安全法》为法律基础，以俄罗斯联邦安全局、俄罗斯联邦技术和出口监督局为关键信息基础设施安全保障的主要力量，扎实推进《俄

① Указ Президента Российской Федерации от 02. 07. 2021 г. №400. О Стратегии национальной безопасности Российской Федерации [EB/OL]. [2021 - 3 - 6]. http: // www. kremlin. ru/acts/bank/47046.

罗斯联邦国家数字经济纲要·信息安全联邦项目》的建设，取得了非常显著的效果。

三是加强俄罗斯互联网国家网段安全建设。俄罗斯互联网国家网段是俄罗斯国家机关（包括联邦机关及联邦主体机关）连接国际互联网用于交流公开信息的国家机关信息系统和信息通信网络的总称，是俄罗斯在网络空间中的国家政权体现。为了加强俄罗斯互联网国家网段的安全，2015 年 5 月普京颁布了《俄罗斯联邦信息安全的若干问题》总统令，明确赋予俄罗斯联邦保卫局在保护俄罗斯互联网国家网段安全领域的职责。为了确保俄罗斯互联网国家网段的安全，俄罗斯主要采取以下几方面的措施：首先，建设俄罗斯互联网国家网段节点。俄罗斯互联网国家网段节点是俄罗斯互联网国家网段与国际互联网进行物理连接的关键节点，由俄罗斯联邦保卫局特种通信与信息局依托所属的各个数据处理中心建设。俄罗斯互联网国家网段节点主要分为中央节点和区域节点。中央节点用于连接联邦国家机关信息通信网络与国际互联网，区域节点用于连接联邦主体国家机关、联邦国家机关下属区域分支机构的信息通信网络与国际互联网。在中央节点和区域节点建设中使用的信息技术设备及各种软件系统均需获得俄罗斯联邦安全局及俄罗斯联邦技术和出口监督局的认证与许可。其次，建设统一数据传输网络。统一数据传输网络作为连接联邦国际机关及联邦主体国家机关的信息通信网络，其建设工作由俄罗斯联邦数字发展、通信和大众传媒部主导，由俄罗斯最大互联网服务运营商俄罗斯电信公司负责实施。按照该部的设想，统一数据传输网络主要有以下几种功能：为国家机关提供互联网流量服务；为国家机关提供虚拟局域网络服务；提供跨部门数据传输服务。按照俄罗斯联邦数字发展、通信和大众传媒部的统计，截至 2017 年底，在地区层面共有 23483 个国家机关接入统一数据传输网络，在联邦区层面共有 179 个国家机关接入统一数据传输网络，在联邦层面共有 73 个国家机关接入统一数据传输网络。最后，对“gov. ru”“kremlin. ru”和“government. ru”域名实施统一管理。在俄罗斯联邦保卫局注册并管理的“gov. ru”“kremlin. ru”和“government. ru”三个域名中，“kremlin. ru”为俄罗斯联邦总统网站域名，“government. ru”为俄罗斯联邦政府网站域名，二者均不开放注册三级域名，因而俄罗斯联邦国家机关（除外交部、国防部、安全局和反垄断局等少数部门外）网络域名注册、管理主要在“gov. ru”域名下进行。按照《GOV. RU 域名管理暂行条例》规定，“ *. gov. ru”域名的注册管理、“gov. ru”域名服务器运营由俄罗斯联邦保卫局特种通信与信息局信息电信保障处负责。

三、深化网络空间国际合作

俄罗斯 2011 年公布的《国际信息安全保障公约（构想）》认为，信息空间是公共领域，其安全是确保世界文明可持续发展的基础。① 2016 年版的《俄罗斯联邦信息安全学说》中明确提出网络空间国际合作的一系列具体目标：参与国际网络空间安全保障体系建设，建立网络空间安全相关的国际法律机制，推动网络空间领域国际合作，在国际组织中宣传推广俄罗斯在网络空间安全领域的立场、观点等。为此，俄罗斯先后设立了总统信息安全领域国际合作问题特别代表和外交部国际信息安全司②等机构或部门，采取各种措施促进上述战略目标的实现，主要包括以下几个方面：

一是建设国际网络空间安全保障体系。俄罗斯以《2020 年前俄罗斯联邦国际信息安全领域国家政策框架》和《俄罗斯联邦国际信息安全领域国家政策框架》两份战略规划文件为指导，以一系列俄罗斯签订的双边或多边网络空间安全合作协定为法律基础，以国家间网络空间安全专家会晤和谈判为形式，不断扩大和充实国际网络空间安全保障体系，以应对俄罗斯可能面临的国际网络空间安全威胁。

---

① Концепция Конвенции ООН об обеспечении международной информационной безопасности [EB/OL]. [2022 - 3 - 60]. http: //www. scrf. gov. ru/security/information/document112/.

② 在国际信息安全司成立前，该领域工作主要由俄罗斯联邦外交部新威胁与新挑战司负责。

二是寻求网络空间安全国际合作主导权。目前，网络空间安全国际合作呈现出平台多元、形式多样、内涵丰富等特征。俄罗斯在这一领域主要通过联合国大会、联合国大会裁军与国际安全委员会、联合国信息安全政府专家组会议、联合国打击网络犯罪公约特别委员会、国际电信联盟大会、上海合作组织、金砖国家等平台，宣传和推广俄罗斯的相关立场、观点，在许多领域取得主动权、主导权。如 2001 年，俄罗斯建议联合国秘书长就国际信息安全问题任命一个政府专家组，2004 年联合国信息安全政府专家组成立并推选时任俄罗斯联邦总统信息安全领域国际合作问题特使安德烈·克鲁茨基赫为专家组主席。2015 年俄罗斯作为主要发起国之一提交的“负责任国家行为规范、规则和原则”被联合国大会裁军与国际安全委员会通过。2017 年俄罗斯提出《联合国防止利用信息通信技术犯罪公约（草案）》，该草案于 2021 年被联合国大会通过。

三是建立网络空间军事同盟。网络空间军事同盟是维护国家网络空间安全、实施网络空间机体防御机制、深化网络空间国际合作的重要力量。在这一领域，俄罗斯着力推进集体安全条约组织（简称集安组织）这一准军事同盟框架内的网络空间安全合作，以《集体安全条约组织成员国信息安全保障领域合作章程》《集体安全条约组织成员国信息安全保障领域合作协定》《集体安全条约组织成员国应对网络空间挑战和网络空间威胁行动计划和工具构想》等战略规划文件为指导，以集安组织计算机事件应急咨询协调中心委员会和集安组织计算机事件应急咨询协调中心等机构为主要力量，通过组织网络空间对抗演习、联合培养网络空间作战人才等形式，不断强化网络空间军事同盟。

第二章　俄罗斯网络空间安全法律体系

随着网络空间安全逐渐成为各国国家安全战略的重点，网络空间安全立法也日益成为加强网络空间安全建设的重要举措之一。在网络空间安全立法逐步完善的进程中，国家网络空间安全法律体系也逐渐形成。网络空间安全法律体系是指适用于国家网络空间安全领域的，由法律、行政法规、部门规章以及国际条约等多层次法律规范形成的，相互联系的统一整体。由于法律传统、立法理念和立法原则等的不同，不同国家的网络空间安全法律体系也呈现出不同的特点。俄罗斯作为较早对网络空间活动进行法律规制与监管的国家之一，尽管至今没有颁布专门的“网络安全法”，但其围绕网络空间安全保障已逐渐形成一整套特点鲜明的法律体系。研究探讨俄罗斯网络空间安全法律体系的发展历程、特点规律，对于构建具有中国特色的网络空间安全法律体系具有重要借鉴意义。

第一节　俄罗斯网络空间安全法律体系的发展历程

俄罗斯网络空间安全法律体系的发展历程与俄罗斯社会的信息化、网络化、数字化进程息息相关。随着信息通信技术在俄罗斯社会经济发展中的促进作用越来越突出，一些网络安全事件对经济发展、社会安全乃至国家安全的影响也越来越大。面对网络犯罪、网络恐怖主义与极端主义以及带有军事政治目的的境外网络攻击等网络安全威胁，俄罗斯先后颁布了一系列保障网络空间安全的法律法规。俄罗斯网络空间安全法律体系的发展历程大致可以分为酝酿萌发、初步发展和成熟完善三个阶段。

一、酝酿萌发阶段

俄罗斯官方认为，1990 年 8 月 28 日（苏联政府时期）是俄罗斯连接国际互联网的正式日期。此后，民众利用国际互联网这一信息通信网络进行信息传播、信息交流等活动日益频繁，互联网影响力越来越大。面对这一新趋势，为确保网络信息内容安全，俄罗斯于 1991 年 12 月颁布了《俄罗斯联邦大众传媒法》，这标志着俄罗斯网络空间安全立法的开端。《俄罗斯联邦大众传媒法》规定，该法律适用于任何在俄罗邦境内利用信息通信网络传播信息或其他材料的媒体，信息通信网络中的网站可以依法注册为以网络形式出版的媒体。① 1992 年 9 月，俄罗斯颁布的《俄罗斯联邦计算机软件和数据库法律保护法》规定，该法律适用于在俄罗斯境内首次发布的计算机软件和数据库版权或未发布但以任何物的形式在俄罗斯境内运行的计算机软件和数据库版权，计算机软件和数据库的完整性受法律保护不可侵犯。② 这是俄罗斯首次将计算机软件及数据库纳入法律保护范围，意味着俄罗斯开始关注计算机安全问题，该联邦法于 2008 年并入《俄罗斯联邦民法典》。1993 年 2 月，俄罗斯颁布了《俄罗斯联邦政府通信与信息署法》，首次明确了俄罗斯网络空间安全保障领域的主要机构——俄罗斯联邦政府通信与信息署的职责。该联邦法规定，俄罗斯联邦政府通信与

① Федеральный закон от 27. 12. 1991 г. №2124 – 1 – ФЗ. О средствах массовой информации [EB/OL]. [2022 – 3 – 8]. http：//www. consultant. ru/document/cons_doc_LAW_1511/.

② Федеральный закон от 23. 09. 1992 г. №3523 – 1 – ФЗ. О правовой охране программ для электронных вычислительных машин и баз данных [EB/OL]. [2022 – 3 – 8]. https：//docs. cntd. ru/document/900318.

信息署是国家安全保障体系的构成，负责组织和确保国家机关信息通信系统和其他特殊信息通信系统的安全、运行和完善，协调俄罗斯联邦安全会议与国家执行权力机关之间的信息，分析网络和数据库技术综合体等设施的安全活动。① 1995年2月，俄罗斯颁布了《俄罗斯联邦信息、信息技术和信息保护法》。该联邦法规定，要防止未经授权的对信息系统、信息资源中的信息进行访问、修改、复制等行为，国家执行权力机关应对信息保护要求的遵守、特种软件保护手段的使用以及一般信息系统技术保护措施等进行监管。②

此后，随着《1993—1995年俄罗斯信息化联邦纲要》的颁布实施，俄罗斯信息化、网络化建设逐步展开，网络空间安全保障问题也逐渐凸显。1996年7月，俄罗斯颁布了《俄罗斯联邦参与国际信息交流法》，该联邦法的目的是为了维护俄罗斯联邦、俄罗斯联邦主体等在国际信息交流中的利益，国家信息系统及信息通信网络连接国际信息交流设施必须经负责反技术侦察和信息技术保护的联邦执行权力机关批准授权。③ 1999年9月，俄罗斯联邦安全会议信息安全跨部门委员会讨论并批准了《完善俄罗斯联邦信息安全法律保障构想（草案）》，明确指出俄罗斯网络空间安全法律保障体系存在立法机构行动效率低下、相关法律保障机制不协调等问题，并提出要在网络空间安全国际条约、联邦法和联邦主体法等层面加快立法。但该草案最终未能获得俄罗斯联邦安全会议批准，因此并未成为正式法律文件。为了进一步规范国际互联网的使用，2000年5月，俄罗斯联邦国家杜马信息政策委员会向国家杜马提交了《俄罗斯联邦互联网使用和发展国家政策法（草案）》。该联邦法草案明确规定

---

① Федеральный закон от 19. 02. 1993 г. №4524 – 1 – ФЗ. О федеральных органах правительственной связи и информации [EB/OL]. [2022 – 3 – 8]. https://femida.info/14/zo19f1993N4524Ip002. htm.

② Федеральный законот 20. 02. 1995 г. №24 – ФЗ. Об информации, информатизации и защите информации [EB/OL]. [2022 – 3 – 8]. https://docs. cntd. ru/document/9010486.

③ Федеральный закон от 04. 07. 1996 г. №85 – ФЗ. Об участии в международном информационном обмене [EB/OL]. [2022 – 3 – 8]. http://www. kremlin. ru/acts/bank/9688.

了互联网、互联网用户、互联网运营商等网络空间安全的基础性概念①，首次明确了互联网用户、互联网运营商及国家互联网监管机构等主体的权利及义务。但由于同时期更高层级的网络空间安全战略规划文件《俄罗斯联邦信息安全学说》正在拟制中，相关概念、理念及原则等尚未明确，因而该法律草案未能被表决通过。

2000 年 9 月，俄罗斯联邦总统普京正式批准了《俄罗斯联邦信息安全学说》。该战略规划文件指出俄罗斯面临的网络空间内外安全威胁，阐述了俄罗斯在网络空间安全领域的国家利益，为此后网络空间安全法律的制定指明了方向。2003 年 6 月，俄罗斯颁布了《俄罗斯联邦通信法》，明确提出该联邦法适用于在俄罗斯境内及其管辖领土内建立和运营的所有通信网络和通信设施，俄罗斯联邦执行权力机关在俄罗斯境内信息通信网络及公共通信网络的可持续性、安全性和完整性面临威胁时有权确定通信网络管理体系的运行要求。② 2004 年 8 月，普京发布了《俄罗斯联邦技术和出口监督局问题》总统令，赋予了联邦技术和出口监督局在网络安全领域保护国家关键信息基础设施安全的权力。2005 年 5 月，普京发布了《俄罗斯联邦国家公务员个人数据和个人档案管理条例》总统令，规定了国家公务员个人数据使用领域的相关要求，标志着俄罗斯开始了数据安全领域的立法工作。从以上法律法规的内容来看，这一时期俄罗斯网络空间安全法律体系建设受信息化发展进程影响，主要侧重网络空间信息内容安全的保障，直至《俄罗斯联邦通信法》的颁布，网络空间安全法律保障的范围更广，如规范俄罗斯联邦执行权力机关在国家网络安全领域的职责等。

---

① Федеральный закон "О государственной политике Российской Федерации по развитию и использованию сети Интернет" (Проект) [EB/OL]. [2022-3-8]. https://libertarium.ru/18771.

② Федеральный закон от 07.07.2003 г. №126-ФЗ. О связи [EB/OL]. [2022-3-8]. http://www.kremlin.ru/acts/bank/19708.

二、初步发展阶段

2006 年 7 月，俄罗斯为适应网络空间安全的新形势，针对 1995 年颁布的《俄罗斯联邦信息、信息技术和信息保护法》进行讨论，最终进行了重新修订。新修订的《俄罗斯联邦信息、信息技术和信息保护法》相比旧法而言，最突出的特点是在旧法以信息内容安全为立法重点的基础上增加了信息系统安全、信息通信网络安全尤其是互联网安全等内容。如该联邦法规定，俄罗斯联邦执行权力机关对俄罗斯境内信息通信网络的使用实施监管，信息通信网络、信息资源（如互联网网站、网页等）的所有者应根据该法确保向用户提供访问信息通信网络和信息资源的服务。① 同月，俄罗斯还颁布了《俄罗斯联邦个人数据法》。该联邦法适用于俄罗斯联邦执行权力机关、俄罗斯联邦主体执行权力机关及地方自治机构等使用信息通信网络及其他信息化设施处理个人数据时的活动，目的是保护个人及公民在处理个人数据时的权利和自由。② 这部法律的颁布，意味着俄罗斯在关注信息内容安全基础上进一步认识到信息内容的载体（数据）的安全。2008 年 3 月，普京颁布《俄罗斯联邦使用国际信息交流信息通信网络信息安全保障措施》总统令，明确提出为了保障俄罗斯在使用跨过国家边界传递信息的信息通信网络时的信息安全，国家执行权力机关在通过国际信息通信网络发布公共信息时，应当按照俄罗斯法定程序使用经俄罗斯联邦安全局或俄罗斯联邦技术和出口监督局认证的技术保护手段。③ 该总统令的颁布，意味着俄罗斯已经开始将网络空间主

---

① Федеральный закон от 27. 07. 2006 г. №149 – ФЗ. Об информации, информационных технологиях и о защите информации [EB/OL]. [2022 – 3 – 9]. https://base. garant. ru/12148555/.

② Федеральный закон от 27. 07. 2006 г. №152 – ФЗ. О персональных данных [EB/OL]. [2022 – 3 – 9]. http://www. kremlin. ru/acts/bank/24154.

③ Указ Президента Российской Федерации от 17. 03. 2008 г. №351. О мерах по обеспечению информационной безопасности Российской Федерации при использовании информационно-телекоммуникационных сетей международного информационного обмена [EB/OL]. [2022 – 3 – 9]. http://www. kremlin. ru/acts/bank/27040.

权视为国家主权的重要组成部分，并用法律予以保障。

在不断加强国内网络空间安全法律保障的同时，俄罗斯也积极谋划通过签订国际条约的形式从外部加强法律保障。2009 年 6 月，俄罗斯以上海合作组织轮值国主席的身份提出一份《上海合作组织成员国保障国际信息安全政府间合作协定》，该协定于 2011 年被各成员国先后批准并正式生效。该协定强调，在确保国际信息安全方面进一步加强各方之间的信任和互动以符合各方的迫切需要和利益，希望为各方在国际信息安全领域的合作建立法律和组织框架。① 2012 年 7 月，俄罗斯颁布了《〈俄罗斯联邦保护儿童免受对健康和发展有害信息法〉及个别联邦法修正案》。该修正案通过对《俄罗斯联邦保护儿童免受对健康和发展有害信息法》及《俄罗斯联邦通信法》《俄罗斯联邦信息、信息技术和信息保护法》等法规部分条款的修正，规定传播对儿童有害信息及其他违法信息的互联网网站、网页的域名及网址将被俄罗斯联邦监管部门封禁。② 相比以往类似法规，该修正案对网络空间管理更加严格且更具操作性，因而也被称为俄罗斯的“网络黑名单法”。2013 年 1 月，面对国家关键信息基础设施安全威胁风险逐渐增大的趋势，普京颁布了《创建国家计算机攻击俄罗斯联邦信息资源监测、预警和后果消除体系》总统令。该法令授权俄罗斯联邦安全局创建国家计算机攻击监测、预警和后果消除体系以保障俄罗斯信息资源（信息系统和信息通信网络）安全。③

---

① Соглашение между правительствами государств-членов Шанхайской организации сотрудничества о сотрудничестве в области обеспечения международной информационной безопасности（Екатеринбург，16 июня 2009 г. ）［EB/OL］．［2022 – 3 – 9］．https：//base. garant. ru/2571379/.

② Федеральный закон от 28. 07. 2012 г. №139 – ФЗ. О внесении изменений в Федеральный закон “О защите детей от информации，причиняющей вред их здоровью и развитию” и отдельные законодательные акты Российской Федерации［EB/OL］．［2022 – 3 – 9］．http：//www. kremlin. ru/acts/bank/35796/page/1.

③ Указ Президента Российской Федерации от 15. 01. 2013 г. №31с. О создании государственной системы обнаружения，предупреждения и ликвидации последствий компьютерных атак на информационные ресурсы Российской Федерации［EB/OL］．［2022 – 3 – 9］．http：//www. kremlin. ru/acts/bank/36691.

2014 年 5 月，俄罗斯为应对日益严峻的网络恐怖主义发展，颁布了《〈俄罗斯联邦信息、信息技术和信息保护法〉和部分关于调整利用信息通信网络交流信息问题法律修正案》。该修正案通过对《俄罗斯联邦信息、信息技术和信息保护法》及《俄罗斯联邦行政违法法典》《俄罗斯联邦通信法》等法规部分条款的修正，明确规定凡是日访问量达到 3000 人次以上博客的作者被认定为知名博主，必须在俄罗斯联邦通信、信息技术和大众传媒监督局注册备案。① 该修正案主要是针对网络影响力较大的博客，因而也被称为“知名博主新规则法”或“博客法”。2015 年 5 月，为降低国家执行权力机关面临的网络安全风险，确保国家网络空间主权安全，普京颁布了《俄罗斯联邦信息安全的若干问题》总统令，要求将俄罗斯联邦执行权力机关和俄罗斯联邦主体执行权力机关使用并由俄罗斯联邦保卫局运营的国际互联网部分改为“俄罗斯互联网国家网段”，并授权俄罗斯联邦保卫局全权负责其运营及安全。从以上法律法规的内容来看，这一时期俄罗斯网络空间安全法律体系建设逐渐拓展立法领域，更加关注关键信息基础设施安全、网络空间治理和网络空间主权等问题。

三、成熟完善阶段

2016 年 12 月，俄罗斯在时隔 16 年后由总统普京批准颁布了新版《俄罗斯联邦信息安全学说》，对面临的网络空间安全形势做了新的评估，重新明确了俄罗斯在网络空间安全领域的战略目标和具体方向，这为进一步完善俄罗斯网络空间安全法律体系提供了战略指南。2017 年 7 月，俄罗斯颁布了《俄罗斯联邦关键信息基础设施安全法》。该联邦法目的是确保俄罗斯境内关键信息基础

---

① Федеральный закон от 05. 05. 2014 г. №97 – ФЗ. О внесении изменений в Федеральный закон “Об информации, информационных технологиях и о защите информации” и отдельные законодательные акты Российской Федерации по вопросам упорядочения обмена информацией с использованием информационно-телекоммуникационных сетей [EB/OL]. [2022 – 3 – 9]. http：//www. kremlin. ru/acts/bank/38409.

设施在遭受计算机攻击时能够稳定运行。① 同月，为了应对俄罗斯国内层出不穷地利用 VPN 访问境内外违法、违规网站的现实威胁，俄罗斯颁布了《〈俄罗斯联邦信息、信息技术和信息保护法〉和部分关于调整利用信息通信网络交流信息问题法律修正案》，禁止使用 VPN 及匿名模式对违法、违规网站进行网络访问。② 该联邦法修正案主要适用于规范 VPN 的使用，因而也被称为“VPN 法”。为了加大对违规使用 VPN 的惩处力度，2018 年 6 月俄罗斯对《俄罗斯联邦行政违法法典》做了进一步修正，对违反“VPN 法”的互联网用户及网站处以相应数量的行政罚款。2019 年 5 月，俄罗斯为强化网络空间主权安全，颁布了“主权互联网法案”，目的是为了确保俄罗斯在面临网络空间主权威胁，如境内互联网被从根服务器断开连接时，仍然能够稳定、安全地运行。该修正案规定，为了确保域名在俄罗斯境内的可持续和安全使用，必须创建国家域名系统，国家域名系统的使用规则、访问条件及程序等由负责检查和监督媒体、信息技术和通信领域的俄罗斯联邦执行权力机关确定。③ 该联邦法修正案的实施进一步强化了俄罗斯政府对境内互联网基础设施及互联网通信的监管，并在网络空间建立起清晰的国家边界，因而也被国际社会称为“主权互联网法案”。2021 年 7 月，俄罗斯为了加强对跨国互联网公司的监管，颁布了《外国人在俄罗斯联邦从事互联网活动法》，明确指出该联邦法适用于在俄罗斯境内互联网上开展活动的外国法人实体、非法人外国组织、外国公民，在俄罗斯境内互联

---

① Федеральный закон от 26. 07. 2017 г. №187 – ФЗ. О безопасности критической информационной инфраструктуры Российской Федерации [EB/OL]. [2022 – 3 – 9]. http: //www. kremlin. ru/acts/bank/42128.

② Федеральный закон от 29. 07. 2017 г. №276 – ФЗ. О внесении изменений в Федеральный закон “Об информации, информационных технологиях и о защите информации” [EB/OL]. [2022 – 3 – 9]. http: //www. kremlin. ru/acts/bank/42170.

③ Федеральный закон от 01. 05. 2019 г. №90 – ФЗ. О внесении изменений в Федеральный закон “О связи” и Федеральный закон “Об информации, информационных технологиях и о защите информации” [EB/OL]. [2022 – 3 – 9]. http: //www. kremlin. ru/acts/bank/44230/page/1.

网上开展活动的外国人员应在其境内设立分支机构或代表处。[①] 从以上法律法规的内容来看，这一时期俄罗斯网络空间安全法律体系在新版《俄罗斯联邦信息安全学说》的指导下，立法规制日趋完善，这为俄罗斯网络空间安全建设奠定了坚实的法律基础。

第二节 俄罗斯网络空间安全法律体系的基本构成

俄罗斯网络空间安全法律体系的构成从法律效力的角度看，可以划分为六个层次：第一层是《俄罗斯联邦宪法》，第二层是网络空间安全相关国际条约，第三层是网络空间安全相关联邦法，第四层是网络空间安全相关总统令，第五层是网络空间安全相关政府法令，第六层是联邦执行权力机关发布的网络空间安全相关法规。

一、《俄罗斯联邦宪法》

《俄罗斯联邦宪法》为俄罗斯网络空间安全保障提供了法理基础，主要体现在宪法的第 4 条、第 23 条、第 24 条、第 29 条、第 42 条中。《俄罗斯联邦宪法》第 4 条第 1 款规定了俄罗斯主权及其全部领土，这一规定确保了俄罗斯在基于国家领土建设的信息通信网络设施上形成的网络空间中行使国家主权的权利。《俄罗斯联邦宪法》第 23 条第 2 款规定，每个人都有权对通信、电话交谈、邮政及电报和其他通信保密。只有根据司法裁决才可限制这一权利。第 24 条第 2 款规定，未经个人同意，不得收集、储存、使用和传播个人隐私信息。第 42 条规定，每个人都有享受良好的环境并知晓信息环境状况的权利。这些规定确保了公民的信息权不受侵犯，而网络空间中信息权的保护主要体现为信

① Федеральный закон от 01. 07. 2021 г. №236 – ФЗ. О деятельности иностранных лиц в информационно-телекоммуникационной сети “ Интернет ” на территории Российской Федерации [EB/OL]. [2022 – 3 – 9]. http: //www. kremlin. ru/acts/bank/46991.

息及其载体数据的机密性，也包括通过信息通信网络传输信息的机密性。第 24 条第 2 款规定，俄罗斯联邦执行权力机关、俄罗斯联邦主体执行权力机关及其公职人员必须保证每个人均有可能接触直接涉及其权利和自由的文件与资料。第 29 条第 4 款规定，每个人都有利用任何合法方式搜集、获取、转交、生产和传播信息的权利。[①] 这些规定对国家执行权力机关保障公民信息权提出了要求，即国家执行权力机关应建设运营信息通信网络及相应信息系统，确保信息通信网络的安全、稳定运行以及信息系统中信息的机密性、完整性及可用性。

二、网络空间安全相关国际条约

网络空间安全相关国际条约为俄罗斯构建国际网络空间安全保障体系提供了法律基础，这主要体现在俄罗斯签订的关于国际网络空间安全保障的多边及双边协定中。

多边协定主要包括：《上海合作组织成员国国际信息安全保障政府间合作协定》《独立国家联合体成员国信息安全保障合作协定》《集体安全条约组织成员国信息安全保障合作协定》等。

双边协定主要包括：《俄罗斯联邦政府与巴西联邦共和国政府关于国际信息与通信安全保障合作协定》《俄罗斯联邦政府与白俄罗斯共和国政府关于国际信息安全保障合作协定》《俄罗斯联邦政府与古巴共和国政府关于国际信息安全保障合作协定》《中华人民共和国政府与俄罗斯联邦政府关于在保障国际信息安全领域合作协定》《俄罗斯联邦政府与南非共和国政府关于国际信息安全保障合作协定》《俄罗斯联邦政府与越南社会主义共和国政府关于国际信息安全保障合作协定》《俄罗斯联邦政府与土库曼斯坦政府关于国际信息安全保障合作协定》《俄罗斯联邦政府与乌兹别克斯坦共和国政府关于国际信息安全保障合作协定》《俄罗斯联邦政府与伊朗伊斯兰共和国政府关于信息安全保障

---

① Конституция Российской Федерации [EB/OL]. [2022 - 3 - 10]. https://legalacts.ru/doc/Konstitucija-RF/.

合作协定》《俄罗斯联邦政府与吉尔吉斯共和国政府关于国际信息安全保障合作协定》《俄罗斯联邦政府与尼加拉瓜共和国政府关于国际信息安全保障合作协定》《俄罗斯联邦政府与塔吉克斯坦共和国政府关于国际信息安全保障合作协定》《俄罗斯联邦政府与印度尼西亚共和国政府关于国际信息安全保障合作协定》《俄罗斯联邦政府与阿塞拜疆共和国政府关于国际信息安全保障合作协定》和《俄罗斯联邦政府与埃塞俄比亚联邦民主共和国政府关于国际信息安全保障合作协定》等。从俄罗斯签署的这些网络安全领域的多边或双边国际条约内容上看，包括国际信息保障领域的主要威胁、合作的主要方向、合作的基本原则、合作的主要形式与合作机制、合作的财政保障、争端的解决以及信息保护的义务等内容；从这些条约的现实作用来看，俄罗斯倡导的国际网络空间安全保障体系范围正在逐步扩大。

三、网络空间安全相关联邦法

网络空间安全相关联邦法为俄罗斯规范国内网络空间安全活动提供了法律基础，这一类型法律由俄罗斯联邦议会通过，并经俄罗斯联邦总统签署颁布，适用于俄罗斯全境。由于网络空间安全形势以及网络空间安全技术等因素发展变化较快，俄罗斯网络空间安全相关联邦法在立法层面体现出修正频次较高、相关修正案颁布次数较多等特点。

俄罗斯在网络空间安全领域相关联邦法主要包括《俄罗斯联邦银行与银行活动法》《俄罗斯联邦警察法》《俄罗斯联邦大众传媒法》《俄罗斯联邦国家秘密法》《俄罗斯联邦民法典》《俄罗斯联邦机要通信法》《俄罗斯联邦安全机关法》《俄罗斯联邦业务侦查法》《俄罗斯联邦对外情报法》《俄罗斯联邦国家保卫法》《俄罗斯联邦刑法典》《俄罗斯联邦技术调节法》《俄罗斯联邦国家自动化“选举”系统法》《俄罗斯联邦通信法》《俄罗斯联邦商业秘密法》《俄罗斯联邦信息、信息技术和信息保护法》《俄罗斯联邦个人数据法》《俄罗斯联邦获取国家机关和地方自治机关活动信息法》《俄罗斯联邦安全法》《俄罗斯联邦电子签名法》《俄罗斯联邦特许行为法》《俄罗斯联邦国家支付系统法》《俄罗斯联邦关键信息基础设施安全法》和《外国人在俄罗斯联邦从事互联网活动法》等。此外，还有许多关于上述联邦法和其他联邦法部分条款合并修正的联邦法修正案，如《〈俄罗斯联邦保护儿童免受对健康和发展有害信息法〉及个别联邦法修正案》等，也属于网络空间安全相关的联邦法。

在以上联邦法中，《俄罗斯联邦通信法》和《俄罗斯联邦信息、信息技术和信息保护法》涉及的网络空间安全活动领域最为广泛，因而影响相对较大，修正次数也最多。如《俄罗斯联邦通信法》自 2003 年颁布实施到 2022 年 7 月已经修正 44 次；《俄罗斯联邦信息、信息技术和信息保护法》自 2006 年重新修订颁布实施到 2022 年 7 月已经修正 29 次，其中仅 2021 年就修正了 6 次。从内容上看，俄罗斯网络空间安全相关的联邦法主要包括以下几类：一是规范相关的俄罗斯联邦执行权力机关在网络空间安全领域权利与义务的法规；二是对特定网络空间安全领域活动进行规范的法规；三是规范特定网络空间信息系统安全的法规；四是对违法网络空间安全活动进行惩处的法规等。

四、网络空间安全相关总统令

网络空间安全相关总统令是俄罗斯为推动相应联邦法实施或规范相关领域网络空间安全活动而由总统颁布实施的法规。俄罗斯网络空间安全相关总统令主要包括：《加密设备研发、生产、销售、维护及提供信息加密服务领域执法措施》《机密信息清单》《俄罗斯联邦安全局问题》《俄罗斯联邦技术和出口监督局问题》《俄罗斯联邦使用国际信息交流信息通信网络信息安全保障措施》《俄罗斯联邦安全会议信息安全跨部门委员会条例》《俄罗斯联邦关键基础设施重要目标生产和工艺过程自动化管理系统安全保障领域国家政策》《俄罗斯联邦公民护照电子信息化载体中包含持有人个人生物识别数据》《创建国家计算机攻击俄罗斯联邦信息资源监测、预警和后果消除体系》《外国公民和无国籍人士个人生物识别数据收集》《国家计算机攻击俄罗斯联邦信息资源监测、预警和后果消除体系构想》《俄罗斯联邦信息安全的若干问题》《完善国家计算机攻击俄罗斯联邦信息资源监测、预警和后果消除体系》《修改俄罗斯联邦保卫局条例》《修改国家秘密信息目录》《发展俄罗斯联邦人工智能》《俄罗斯联邦国际信息安全领域国家政策框架》《俄罗斯联邦关键信息基础设施安全与技术独立保障措施》《俄罗斯联邦安全会议关键信息基础设施发展领域国家技术主权保障跨部门委员会条例》和《俄罗斯联邦信息安全保障补充措施》等。俄罗斯网络空间安全相关总统令从内容上看，主要是对网络空间安全相关联邦法的完善和补充，具体包括三类，分别是对网络空间安全相关的俄罗斯联邦执行权力机关职责进行调整的总统令，对网络空间安全相关联邦法未涉及的网络空间安全活动领域进行规范的总统令，对网络空间安全活动领域相关国家政策进行明确的总统令。

五、网络空间安全相关政府法令

网络空间安全相关政府法令是俄罗斯为推动网络空间安全相关联邦法和总统令的具体组织实施，由俄罗斯联邦政府批准颁布的法规。俄罗斯网络空间安全相关政府法令主要包括：《信息保护手段认证》《构成国家机密的信息划分为不同级别机密信息规则》《在不使用自动化设备情况下处理个人数据特殊规定》《需强制认证的通信手段清单》《在俄罗斯联邦公民身份证明主要文件的电子信息载体上记录个人数据清单》《旨在确保履行〈俄罗斯联邦个人数据法〉规定义务措施清单》《支付系统信息保护条例》《在提供国家和市政服务时使用简单电子签名》《以公开数据形式在互联网上发布国家机关、地方自治机关活动信息清单》《组织信息保护专家和联邦执行权力机关、地方自治机关干部培训》《俄罗斯联邦关键信息基础设施对象分类规则、重要性标准及重要性指标清单》《在俄罗斯联邦关键信息基础设施重要对象安全保障领域实施国家监管条例》《电信运营商存储电信服务用户短信、语音信息、图像、声音、视频条例》《卫生领域统一国家信息系统条例》《旨在确保关键信息基础设施重要对象安全的俄罗斯联邦统一通信网络资源准备与使用规则》《旨在确保信息通信网络互联网和公共通信网络在俄罗斯联邦稳定、安全及完整运行进行演习》《在国家信息系统中使用加密算法和加密手段试点项目》和《修改俄罗斯联邦关键信息基础设施对象分类规则》等。

六、俄罗斯联邦执行权力机关发布的网络空间安全相关法规

俄罗斯联邦执行权力机关发布的网络空间安全相关法规是对现有网络空间安全相关联邦法、总统令和政府法令等法律规范的发展、补充和明确，属于规范性法律文件，一般以命令、指示等形式呈现。目前发布网络空间安全相关法规的俄罗斯联邦执行权力机关主要包括：俄罗斯联邦安全局，俄罗斯联邦技术和出口监督局，俄罗斯联邦通信、信息技术和大众传媒监督局，俄罗斯联邦保卫局，俄罗斯联邦数字发展、通信和大众传媒部等。由于职责领域不同，该类法规绝大多数以俄罗斯联邦执行权力机关单独发布为主，但也存在两个或多个俄罗斯联邦执行权力机关共同发布的个别情况，如俄罗斯联邦安全局与俄罗斯联邦技术和出口监督局共同发布的《公共信息系统中信息的保护要求》命令。

俄罗斯联邦安全局单独发布的网络空间安全相关法规主要有：《密码（加密）信息保护手段开发、生产、销售和使用条例》命令、《电子签名验证密钥合格证书形式要求》命令、《信息通信网络互联网信息传播组织者向俄罗斯联邦安全局提交用户接收、传输和处理电子信息的解码信息的程序》命令、《国家计算机事件协调中心条例》命令、《向国家计算机攻击俄罗斯联邦信息资源监测、预警和后果消除体系提供信息的清单和程序》命令、《国家计算机攻击俄罗斯联邦信息资源监测、预警和后果消除及计算机事件应急响应手段需求》命令和《电子签名密钥所有权确认规则》命令等。

俄罗斯联邦技术和出口监督局单独发布的网络空间安全相关法规主要有：

《国家信息系统中非国家机密信息保护要求》命令、《在个人数据信息系统中处理个人数据时确保个人数据安全的组织和技术措施的组成、内容》命令、《俄罗斯联邦关键信息基础设施重要目标登记管理制度》命令、《建立俄罗斯联邦关键信息基础设施安全体系并确保其运行要求》命令、《俄罗斯联邦关键信息基础设施重要目标安全保障要求》命令、《俄罗斯联邦技术和出口监督局为机密信息保护手段开发、生产提供国家许可服务的行政规程》命令和《俄罗斯联邦关键信息基础设施主体与联邦技术和出口监督局关于俄罗斯联邦关键信息基础设施重要对象连接公共通信网络协议程序》命令等。

俄罗斯联邦通信、信息技术和大众传媒监督局单独发布的网络空间安全相关法规主要有:《俄罗斯联邦通信、信息技术和大众传媒监督局中央机关处理和保护个人数据条例》命令、《被授权机构对已提交个人数据进行处理的方法建议》命令、《信息保护手段认证体系条例》命令、《个人数据主体允许用于处理个人数据同意书内容要求》命令和《组织和实施对非国家秘密的有限访问信息保护认证工作程序》命令等。

俄罗斯联邦保卫局单独发布的网络空间安全相关法规主要有:《俄罗斯互联网国家网段章程》命令、《GOV. RU 域名管理暂行条例》命令和《俄罗斯联邦保卫局特种通信与信息中心示范章程》命令等。

俄罗斯联邦数字发展、通信和大众传媒部单独发布的网络空间安全相关法规主要有:《保护通信网络免受未授权访问并通过其传输信息的要求》命令、《由认证中心签发合格电子签名验证密钥证书登记册形成及运行程序》命令、《在俄罗斯联邦关键信息基础设施对象机构通信网络中安装和使用搜索计算机攻击特征设施的技术条件、程序》命令、《所有电子签名手段必须采取的电子签名格式》命令、《电子计算机软件和数据库分类表》命令和《在身份识别、认证领域实施国家监督时违反强制性要求的风险指标清单》命令等。

此外,俄罗斯联邦工业和贸易部、俄罗斯联邦能源部、俄罗斯联邦交通部和俄罗斯银行（俄罗斯联邦中央银行）等也发布了一些关于本部门职权范围内网络安全领域的命令或指示。从数量上看，俄罗斯联邦执行权力机关发布的网络空间安全相关法规在俄罗斯网络空间安全法律体系中占有绝对多数。

第三节　俄罗斯网络空间安全法律体系的重点领域

俄罗斯构建了包括不同法律效力层级，涵盖网络空间主权保障、关键信息基础设施安全、数据安全、互联网信息内容管理、网络空间安全监测预警与应急处置、网络空间行为主体权益保障和网络犯罪、网络恐怖主义与网络极端主义预防与惩治等各个领域的网络空间安全法律体系，为维护和保障国家网络空间安全奠定了坚实的法律基础。

一、网络空间主权保障

网络空间主权是国家主权在网络空间的延伸和表现。俄罗斯网络空间安全法律体系中关于维护网络空间主权的法律法规主要包括：《创建国家计算机攻击俄罗斯联邦信息资源监测、预警和后果消除体系》总统令、“主权互联网法案”、《俄罗斯联邦安全会议关键信息基础设施发展领域国家技术主权保障跨部门委员会条例》总统令、《俄罗斯联邦武装力量信息空间行动构想观点》、《俄罗斯联邦信息安全的若干问题》总统令和《俄罗斯联邦互联网国家网段章程》等。俄罗斯网络空间主权主要体现为网络空间管辖权、网络空间独立权以及网络空间自卫权等。

在网络空间管辖权方面，《创建国家计算机攻击俄罗斯联邦信息资源监测、预警和后果消除体系》总统令第 1 条明确了俄罗斯网络空间主权的管辖范围为俄罗斯信息资源，即处于俄罗斯境内和俄罗斯驻外外交使团和领事机构的信息系统和信息通信网络,① 明确了俄罗斯网络空间管辖权的范围。

在网络空间独立权方面,《〈俄罗斯联邦信息、信息技术和信息保护法〉和部分关于调整利用信息通信网络交流信息问题法律修正案》明确了“自主可控”的原则，提出为了确保俄罗斯域名在俄罗斯境内的可持续和安全使用，建立国家域名系统，赋予俄罗斯联邦通信、信息技术和大众传媒监督局对互联网运营商、互联网数据流量进行监管以及对互联网紧急状态的认定和应对的权力。② 通过这一系列相关措施的实施，确保了俄罗斯对境内互联网的发展、治理拥有绝对主权。此外，为了确保对俄罗斯信息资源中关键信息基础设施的“自主可控”，俄罗斯还发布了《俄罗斯联邦安全会议关键信息基础设施发展领域国家技术主权保障跨部门委员会条例》总统令，明确了俄罗斯联邦安全会议关键信息基础设施发展领域国家技术主权保障跨部门委员会在这一领域的职权，如评估关键信息基础设施的技术独立性状况，分析预测关键信息基础设施发展领域技术主权安全威胁，协调国内各机构、组织在关键信息基础设施发展领域维护技术主权的具体活动，参与制定和实施关键信息基础设施发展领域技术主权战略规划等。③

在网络空间自卫权方面，俄罗斯联邦国防部发布的《俄罗斯联邦武装力

---

① Указ Президента Российской Федерацииот 15. 01. 2013 г. №31с. О создании государственной системы обнаружения, предупреждения и ликвидации последствий компьютерных атак на информационные ресурсы Российской Федерации［EB/OL］.［2022 – 3 – 12］. http：//www. kremlin. ru/acts/bank/36691.

② Федеральный закон от 05. 05. 2014 г. №97 – ФЗ. О внесении изменений в Федеральный закон “Об информации, информационных технологиях и о защите информации” и отдельные законодательные акты Российской Федерации по вопросам упорядочения обмена информацией с использованием информационно-телекоммуникационных сетей［EB/OL］.［2022 – 3 – 12］. http：//www. kremlin. ru/acts/bank/38409.

③ Указ Президента Российской Федерации от 14. 04. 2022 №203. О Межведомственной комиссии Совета Безопасности Российской Федерации по вопросам обеспечения технологического суверенитета государства в сфере развития критической информационной инфраструктуры Российской Федерации［EB/OL］.［2022 – 3 – 12］. http：//www. kremlin. ru/acts/bank/47759.

量信息空间行动构想观点》明确提出，俄罗斯联邦武装力量在解决信息空间的军事冲突时，在信息空间的冲突升级或者冲突进入危机阶段的情况下，可以采用不违背公认的国际法准则和原则的各种有效方式和手段来行使单独或集体自卫权。①

二、关键信息基础设施安全

俄罗斯关于关键信息基础设施安全的法规主要包括：《俄罗斯联邦关键信息基础设施安全法》、《俄罗斯联邦关键信息基础设施安全与技术独立保障措施》总统令、《俄罗斯联邦关键信息基础设施对象分类规则、重要性标准及重要性指标清单》政府法令、《在俄罗斯联邦关键信息基础设施重要对象安全保障领域实施国家监管条例》政府法令、《俄罗斯联邦关键信息基础设施重要对象登记册维护程序》命令、《建立俄罗斯联邦关键信息基础设施安全体系并确保其运行要求》命令和《在俄罗斯联邦关键信息基础设施对象机构通信网络中安装和使用搜索计算机攻击特征设施的技术条件、程序》命令等。在这一系列法规中，《俄罗斯联邦关键信息基础设施安全法》是保障关键信息基础设施安全的基础性法律文件，其他相关总统令、政府法令和俄罗斯联邦执行权力机关命令是对《俄罗斯联邦关键信息基础设施安全法》内容的进一步完善和丰富。

《俄罗斯联邦关键信息基础设施安全法》界定了关键信息基础设施、关键信息基础设施主体、关键信息基础设施对象、关键信息基础设施重要对象、关键信息基础设施安全以及计算机攻击、计算机事件等概念，明确了关键信息基础设施安全保障的合法性、系统系和优先性等原则，规定了俄罗斯联邦总统、俄罗斯联邦政府和俄罗斯联邦执行权力机关在关键信息基础设施安全保障领域

① Концептуальные взгляды на деятельность Вооруженных Сил Российской Федерации в информационном пространстве [EB/OL]. [2022－3－12]. https：//ens. mil. ru/science/publications/more. htm? id＝10845074％40cmsArticle.

的权力，阐明了关键信息基础设施主体的权力与义务以及关键信息基础设施对象的分类和认定程序等。其他一系列法规，尤其是2022年3月发布的《俄罗斯联邦关键信息基础设施安全与技术独立保障措施》总统令，对提升关键信息基础设施安全保障水平发挥了重要作用。该总统令规定，俄罗斯关键信息基础设施主体从2022年3月31日起，在政府采购中不得采购国外软件（包括使用国外软件的软硬件综合体）用于关键信息基础设施安装部署。到2025年1月1日，在俄罗斯关键信息基础设施重要对象中全面禁止使用国外软件。该总统令还要求政府：在1个月内批准关键信息基础设施重要对象软件使用章程和关键信息基础设施主体在过渡期内使用国外软件规定；在6个月内实施一系列具体政策：确定关键信息基础设施主体在关键信息基础设施重要对象上优先使用可信国产软硬件综合体的过渡时间和程序；根据该总统令按程序对相关法规进行修改；建立从事关键信息基础设施可信国产软硬件综合体研发、生产、技术支持和服务维护的科学生产协会；组织关键信息基础设施可信国产软硬件综合体研发、生产、技术支持和服务维护领域人员培训和认证活动；建立关键信息基础设施可信国产软硬件综合体使用监督、检查工作机制等。①

三、数据安全

俄罗斯根据数据主体的不同，一般将数据划分为个人数据、商业数据和国家数据（政府数据）。

关于个人数据安全的法律法规主要包括：《俄罗斯联邦个人数据法》、《俄罗斯联邦信息、信息技术和信息保护法》、《俄罗斯联邦电子签名法》、《联邦国家公务员个人数据和个人档案管理条例》总统令、《在不使用自动化设备情况下处理

① Указ Президента Российской Федерации от 30. 03. 2022 №166. О мерах по обеспечению технологической независимости и безопасности критической информационной инфраструктуры Российской Федерации [EB/OL]. [2022 - 3 - 12]. http: //www. kremlin. ru/acts/bank/47688.

个人数据特殊规定》政府法令、《俄罗斯联邦通信、信息技术和大众传媒监督局在个人数据处理领域履行国家监督职能》命令、《在俄罗斯联邦公民身份证明主要文件的电子信息载体上记录个人数据清单》政府法令、《旨在确保履行〈俄罗斯联邦个人数据法〉规定义务措施清单》政府法令、《在个人数据信息系统中处理个人数据时确保个人数据安全的组织和技术措施的组成、内容》命令、《俄罗斯联邦通信、信息技术和大众传媒监督局中央机关处理和保护个人数据条例》命令、《被授权机构对已提交个人数据进行处理的方法建议》命令、《个人数据主体允许用于处理个人数据同意书内容要求》命令和《个人数据自动化处理中的个人保护公约》等。在这一系列法律法规中，《俄罗斯联邦个人数据法》作为保障个人数据安全的基础性法律文件，从2006年颁布到2022年12月，随着个人数据安全保障需求的发展，已经修正27次。该联邦法明确规定：个人数据的处理应在个人数据主体同意的条件下进行；对生物识别类个人数据的处理只有在个人数据主体以书面形式同意的情况下才能进行；个人数据处理应限于事先确定的、特定的和合法的目的，禁止对个人数据进行与个人数据收集目的不符的处理；除联邦法律规定以外，未经个人数据主体同意，数据运营商和其他个人不得向第三方分发和披露个人数据。① 此外，在个人数据跨境流动领域，俄罗斯签署了《个人数据自动化处理中的个人保护公约》，因此，俄罗斯法律允许个人数据从俄罗斯境内传输至该公约的其他签署国。

关于商业数据安全的法律法规主要包括：《俄罗斯联邦商业秘密法》《俄罗斯联邦银行与银行活动法》和《打击滥用内幕信息并操纵市场及对俄罗斯联邦某些法案的修正案》等。在这一系列法律法规中，《俄罗斯联邦商业秘密法》是保障商业数据安全的主要法律文件。该联邦法规定，“第三方不知道而具有实际或潜在商业价值”且“第三方在法律上无法自由获取的信息”属于构成商业秘密的信息。该联邦法规范了商业秘密信息所有者的权利与义务，对构成商

---

① Федеральный закон от 27. 07. 2006 г. №152 – ФЗ. О персональных данных [EB/OL]. [2022 – 3 – 12]. http://www. kremlin. ru/acts/bank/24154.

业秘密的信息的存储、处理和保护等做了明确规定。“商业秘密信息所有者针对俄罗斯联邦执行权力机关、联邦主体权力机关及地方自治机构的合理要求，应当免费提供其商业秘密信息，但该请求必须由授权官员签署，并注明获取商业秘密信息的法律依据、目的以及提供此类信息的期限。”①

关于国家数据安全的法规目前主要包括：《国家数据治理体系创建及运行构想》政府法令、《国家统一云平台建设构想》政府法令、《国家数据管理统一需求章程》和《国家数据治理体系统一信息平台工作条例》等。此外，还有一部联邦法草案——《国家数据治理体系法（草案）》已经通过国家杜马三读。作为国家数据安全领域的基础性法律文件，该草案规定：“国家数据的访问除联邦法律另有规定以外，不受限制”，“任何商业组织不得将国家数据用于商业目的”，“联邦政府负责制定国家数据安全保障规则”。②

四、互联网信息内容管理

俄罗斯关于互联网信息内容管理的法律法规主要包括：《俄罗斯联邦大众传媒法》、《俄罗斯联邦保护儿童免受对健康和发展有害信息法》、《〈俄罗斯联邦保护儿童免受对健康和发展有害信息法〉及个别联邦法修正案》、《俄罗斯联邦信息、信息技术和大众传媒监督局条例》法令、《为确保儿童信息安全而对信息产品进行鉴定的程序》命令、《〈俄罗斯联邦信息、信息技术和信息保护法〉和部分关于调整利用信息通信网络交流信息问题法律修正案》、《大众媒体主办人（参与者）、大众媒体编辑部、广播组织（法人实体）遵守〈俄罗斯联邦大众传媒法〉第 19 条要求的证明文件清单》政府法令、《俄

---

① Федеральный закон от 29. 07. 2004 №98 – ФЗ. О коммерческой тайне [EB/OL]. [2022 – 3 – 12]. http：//www. kremlin. ru/acts/bank/21227.

② Проект Федерального закона “О национальной системе управления данными и о внесении изменений в Федеральный закон ” Об информации，информационных технологиях и о защите информации в Российской Федерации" [EB/OL]. [2022 – 3 – 12]. https：//base. garant. ru/56802540/.

罗斯联邦通信、信息技术和大众传媒监督局为大众媒体注册提供国家服务》命令、《对遵守俄罗斯联邦大众传媒法规实施国家监管条例》政府法令、《确定对信息产品进行鉴定的鉴定组织和专家要求》命令和《创建、运行和维护信息资源登记册章程》政府法令等。

在这一系列法律法规中，《俄罗斯联邦信息、信息技术和大众传媒监督局条例》政府法令赋予俄罗斯联邦信息、信息技术和大众传媒监督局在互联网信息内容管理方面实施国家监管的权力，而《俄罗斯联邦大众传媒法》则是对互联网信息内容进行管理的基础性法律文件。《俄罗斯联邦大众传媒法》规定，网络出版物属于大众媒体，网络出版物是指根据该法注册为大众媒体的信息通信网络互联网中的网站。为了规范新闻自由与网络信息内容安全的关系，该联邦法在第 4 条“不得滥用新闻自由”中列举了 9 种禁止大众媒体在互联网上发布和传播的信息，包括：宣扬恐怖主义、极端主义和暴力、色情等内容的信息，关于因非法行为而受害的未成年人的信息，关于麻醉药品、精神药物等的研发、生产和使用方法及获取此类物品的地点等信息，关于制作简易爆炸物、爆炸装置的信息等。网络出版物必须公布以下信息：大众媒体的名称（与大众媒体国家注册证书中名称一致），大众媒体的创办者（联合创办者），主编的姓名；编辑部的电子邮件地址和电话号码，符合联邦法律规定的信息产品标识；大众媒体注册机构及国家注册证书注册号码等。① 而对于未登记注册为大众媒体的网站所发布信息内容的管理，俄罗斯主要通过《〈俄罗斯联邦保护儿童免受对健康和发展有害信息法〉及个别联邦法修正案》和《〈俄罗斯联邦信息、信息技术和信息保护法〉和部分关于调整利用信息通信网络交流信息问题法律修正案》等来规范。如《〈俄罗斯联邦保护儿童免受对健康和发展有害信息法〉及个别联邦法修正案》规定，为了限制访问互联网上包含俄罗斯禁止传播信息的网站，建立统一的自动化信息系统“统一域名登记册”，该域名限制访

① Федеральный закон от 27. 12. 1991 г. №2124 – 1. О средствах массовой информации [EB/OL]. [2022 – 3 – 15]. https：//base. garant. ru/10164247/.

问包含俄罗斯禁止传播信息的互联网网站页面和可以在互联网中识别的网址。①

五、网络空间安全监测预警与应急处置

俄罗斯关于网络空间安全监测预警与应急处置的法律法规主要包括：《俄罗斯联邦关键信息基础设施安全法》、《创建国家计算机攻击俄罗斯联邦信息资源监测、预警和后果消除体系》总统令、《国家计算机攻击俄罗斯联邦信息资源监测、预警和后果消除体系构想》总统令、《完善国家计算机攻击俄罗斯联邦信息资源监测、预警和后果消除体系》总统令、《从联邦预算中提供补贴以创建国家计算机攻击俄罗斯联邦信息资源监测、预警和后果消除体系部门中心并将其列入紧急网络威胁信息自动交流系统细则》政府法令、《用于监测、预警和消除计算机攻击后果以及应对计算机事件的设备要求》命令和《向国家计算机攻击俄罗斯联邦信息资源监测、预警和后果消除体系提供信息的清单和程序》命令等。

在这一系列法律法规中，2013 年 1 月颁布的《创建国家计算机攻击俄罗斯联邦信息资源监测、预警和后果消除体系》总统令首次从立法的层面提出创建计算机攻击俄罗斯信息资源国家监测、预警和后果消除体系，并将创建计算机攻击俄罗斯信息资源国家监测、预警和后果消除体系的职责赋予俄罗斯联邦安全局。随后，俄罗斯联邦安全局陆续草拟出台了一系列相关法令，并推动将国家计算机攻击俄罗斯信息资源监测、预警和后果消除体系相关内容写入《俄罗斯联邦关键信息基础设施安全法》。该联邦法规定，负责对计算机攻击进行监测、预警及应对计算机事件的力量包括三类：一是负责保障国家计算机攻击俄罗斯信息资源监测、预警和后果消除体系运行的俄罗斯联邦执行权力机关；二

① Федеральный закон от 28.07.2012 г. №139 – ФЗ. О внесении изменений в Федеральный закон "О защите детей от информации, причиняющей вред их здоровью и развитию" и отдельные законодательные акты Российской Федерации [EB/OL]. [2022 – 3 – 15]. http://www.kremlin.ru/acts/bank/35796/page/1.

是由俄罗斯联邦执行权力机关创立并负责协调关键信息基础设施主体参与国家计算机攻击俄罗斯信息资源监测、预警和后果消除体系运行活动的国家计算机事件协调中心；三是参与国家计算机攻击俄罗斯信息资源监测、预警和后果消除体系运行活动的关键信息基础设施主体等。① 同时，该联邦法还明确了上述三类力量在国家计算机攻击俄罗斯信息资源监测、预警和后果消除体系中的职责权力，并确定了在对应对计算机攻击和计算机事件中可以使用的技术手段，以及收集相关信息的程序和类型。

六、打击网络犯罪、网络恐怖主义与网络极端主义

俄罗斯关于打击网络犯罪、网络恐怖主义与网络极端主义的法律法规主要包括：《俄罗斯联邦刑法典》、《俄罗斯联邦行政违法法典》、《俄罗斯联邦信息、信息技术和信息保护法》、《俄罗斯联邦反恐怖主义法》、《俄罗斯联邦反极端主义活动法》、《俄罗斯联邦警察法》、《打击恐怖主义措施》总统令、《实施〈俄罗斯联邦反恐怖主义法〉措施》政府法令、《独立国家联合体成员国合作打击恐怖主义条约》、《上海合作组织反恐怖主义公约》和《上海合作组织反极端主义公约》等。

在打击网络犯罪领域，《俄罗斯联邦刑法典》并没有使用网络犯罪这一术语，而是使用了“计算机信息领域犯罪”。在《俄罗斯联邦刑法典》的第 242 条至 244 条中，关于“计算机信息领域犯罪”相关罪名规定包括以下三类：一是非法获取计算机信息罪，二是创建、使用和传播恶意计算机软件罪，三是破坏计算机信息存储、处理和传输设施运行规则和破坏信息通信网络运行规则罪。对于违反上述法律并造成严重后果的，最高可判处 150 万卢布以下罚金和 10 年以下有期徒刑。

---

① Федеральный закон от 26. 07. 2017 г. №187 – ФЗ. О безопасности критической информационной инфраструктуры Российской Федерации [EB/OL]. [2022 – 3 – 15]. http: //www. kremlin. ru/acts/bank/42128.

在打击网络恐怖主义领域，《俄罗斯联邦反恐怖主义法》没有提出网络恐怖主义这一法律术语，但在《俄罗斯联邦刑法典》第 205 条第 2 款中明确规定，利用大众媒体或信息通信网络互联网公开煽动恐怖活动、公开为恐怖主义辩护或宣传恐怖主义，应处以 30 万—100 万卢布罚金或 3—5 年内被定罪人的工资或其他收入，以及 5—7 年有期徒刑。①

在打击网络极端主义领域，《俄罗斯联邦反极端主义活动法》第 12 条指出"禁止利用公共通信网络进行极端主义活动"，并对个人、大众媒体、社会组织及国家公职人员等利用互联网等公共通信网络进行极端主义活动将追究的行政或刑事责任作出明确规定。例如，若发现大众媒体利用互联网传播极端主义材料，俄罗斯联邦通信、信息技术和大众传媒监督局或联邦检察机关可以根据《俄罗斯联邦反极端主义活动法》第 8 条"禁止通过大众媒体传播极端主义材料和开展极端主义活动的警告"，向该大众媒体出具要求 10 日之内纠正违法活动的书面警告。若 10 日之内没有纠正该违法活动，则由俄罗斯联邦通信、信息技术和大众传媒监督局向法院申请封锁该大众媒体在互联网中的网页或网站。② 由于互联网信息传输的跨国性特点，实施网络犯罪、传播恐怖主义和极端主义信息的网络服务器有可能处于俄罗斯法律管辖范围之外，这就需要不断加强国际合作以打击网络犯罪和网络恐怖主义、网络极端主义。在这方面，俄罗斯在独立国家联合体和上海合作组织范围内签署的一系列国际条约发挥了重要作用。

第四节 俄罗斯网络空间安全法律体系的主要特点

由于网络空间安全在国家安全战略中的地位日趋重要，俄罗斯通过不断完

① Уголовный кодекс Российской Федерации от 13. 06. 1996 №63 – ФЗ [EB/OL]. [2022 – 3 – 16]. http://government. ru/docs/all/96145/.

② Федеральный закон от 25. 06. 2002 г. №114 – ФЗ. О противодействии экстремистской деятельности [EB/OL]. [2022 – 3 – 16]. http://www. kremlin. ru/acts/bank/18939.

善网络空间安全法律体系以夯实网络空间安全的法律基础。从 1991 年颁布《俄罗斯联邦大众传媒法》至今，俄罗斯已经形成包括宪法、国际条约、联邦法、总统令、政府法令和联邦执行权力机关命令等多个层次，涵盖网络空间主权保障、关键信息基础设施安全、数据安全、互联网信息内容管理、网络空间安全监测预警与应急处置和打击网络犯罪、网络恐怖主义与网络极端主义等多个领域的网络空间安全法律体系。考察俄罗斯网络空间安全法律体系的发展历程、层次结构和重点领域，可以发现俄罗斯网络空间安全法律体系建设具有如下特点。

一、以国家网络空间安全战略为指引

网络空间安全法律是国家网络空间安全战略在法律层面的内容和要求的具体体现。从俄罗斯各项网络空间安全法律的出台时间和具体内容来看，服从和服务于国家网络空间安全战略，始终以国家网络空间安全战略规划文件为指引是其显著特点。例如，在俄罗斯 2016 年 12 月颁布的新版《俄罗斯联邦信息安全学说》中，明确提出保障俄罗斯通信网络安全是俄罗斯在网络空间的国家利益，而俄罗斯在网络空间面临的安全威胁之一就是“外国使用信息技术损害俄罗斯的主权”，因此，保障俄罗斯国家网络空间安全必须提高俄罗斯通信网络的完整性和稳定性。[①] 2018 年 9 月，美国发布《国家网络安全战略》，明确将俄罗斯列为美国网络空间安全的重要威胁，并且内容更加富有进攻性。面对国家网络空间安全的新目标和网络空间安全威胁的新变化，俄罗斯联邦委员会（议会上院）和国家杜马（议会下院）数名代表于 2018 年 12 月向国家杜马信息政策、信息技术和通信委员会提交了后来被大众称为“主权互联网法案”的草案。该法案的核心思想是加强境内互联网基础设施的安全，让俄罗斯拥有一

① Указ Президента Российской Федерации от 05. 12. 2016 г. №646. Об утверждении Доктрины информационной безопасности Российской Федерации [EB/OL]. [2022 - 3 - 16]. http://www.kremlin.ru/acts/news/53418.

个可以独立于国际互联网的“俄罗斯互联网”，使俄罗斯在面临外部“断网”威胁时，仍可以保障其境内互联网安全、稳定运行，从而维护俄罗斯在网络空间的国家利益。

二、法律授权与授权立法同步进行

法律授权是指通过法律将公权力授予相关国家权力机关或组织的法律活动，而授权立法则是国家权力机关根据特定法律授权所进行的立法活动。由于网络空间是继陆、海、空、天之后的新兴主权疆域，为了尽快构建这一领域的安全法律保障体系，俄罗斯一般采取法律授权与授权立法同步进行的方式。这主要体现在相关联邦法或总统令的具体内容中，在授予某些联邦执行权力机关具体职权的同时，也授予其相应职权范围内立法的权力。如《俄罗斯联邦信息、信息技术和信息保护法》第 154 条“限制访问互联网信息传播组织者所有的信息资源程序”的第 1 款和第 2 款，授予了在通信、信息技术和大众传媒领域实施国家监管职能的联邦执行权力机关（俄罗斯联邦通信、信息技术和大众传媒监督局）三项职权：向互联网信息传播组织者注册地址（及分支机构或代办处地址）发出限期整改的书面通知；向法院申请限制访问相关信息资源网址或网站；监督提供相关网络接入服务的通信运营商执行法院判决等。而第 154 条的第 3 款则授权联邦政府制定相应法规：被授权联邦执行权力机关履行相应权力的章程和限制、恢复访问相关信息资源网址或网站的章程等。① 又如俄罗斯于 2013 年 1 月颁布的《创建国家计算机攻击俄罗斯联邦信息资源监测、预警和后果消除体系》总统令，第 1 条赋予俄罗斯联邦安全局建设国家计算机攻击俄罗斯信息资源监测、预警和后果消除体系的职权，第 3 条又授予俄罗斯联邦安全局制定国内计算机事件信息交换程序章程以及与联邦执行权力

---

① Федеральный закон от 27.07.2006 г. №149 – ФЗ. Об информации, информационных технологиях и о защите информации [EB/OL]. [2022 – 3 – 16]. https://base.garant.ru/12148555/.

机关和外国授权机构交换计算机事件信息程序章程等。

三、注重法律的可操作性

法律作为由国家强制力保证实施的行为规范，可操作性是衡量其能否顺利实施的关键性指标之一。俄罗斯网络空间安全法律的出台是以国家网络空间安全战略为指引，与国家网络空间安全现实需求紧密相关，因此非常注重可操作性的实现。这主要体现在以下几个方面：一是法律内容明确。法律文本内容的准确、具体且容易被人理解是法律可操作性的重要前提。俄罗斯网络空间安全法律体系建设主要通过两方面工作来确保法律内容的明确。一方面，在相关的联邦法、总统令、政府法令和联邦执行权力机关命令中，直接给出所使用法律术语的概念解释并不断补充。如1995年颁布的《俄罗斯联邦信息、信息技术和信息保护法》直到2006年废止时共列举了12个基本术语，而2006年重新修订颁布实施的《俄罗斯联邦信息、信息技术和信息保护法》到目前为止共列举了22个基本术语，且只有个别术语与1995版《俄罗斯联邦信息、信息技术和信息保护法》相同；另一方面，按照网络空间安全法律体系的层次性，以下位法对上位法相关条款未能明确的内容予以明确。二是法律责任清晰。清晰的法律责任是确保法律可操作性的关键环节。俄罗斯网络空间安全法律中关于违法责任追究的依据一般以《俄罗斯联邦民法典》《俄罗斯联邦刑法典》《俄罗斯联邦行政违法法典》《俄罗斯联邦通信法》和《俄罗斯联邦信息、信息技术和信息保护法》等联邦法及联邦执行权力机关发布的网络空间安全相关法规中相关条款互相补充的形式出现。三是执法主体确定。确定的执法主体是确保法律可操作性的重要条件。俄罗斯网络空间安全法律中关于执法主体的规定贯穿于不同层次的法律法规中，如在个人数据安全领域关于保障个人数据主体权利的执法主体，在《俄罗斯联邦个人数据法》《俄罗斯联邦通信、信息技术和大众传媒监督局条例》政府法令和《在个人数据信息系统中处理个人数据时确保个人数据安全的组织和技术措施的组成、内容》命令中都规定是俄罗斯联邦通信、信息技术和大众传媒监督局。

四、通过及时修正确保法律的稳定性与适时性相统一

法律的稳定性是法律权威性的重要体现，但由于网络空间安全形势发展变化快，网络空间安全法律就必然要适应这一形势。俄罗斯通过及时修正、修订相关法律，确保了网络空间安全法律的稳定性与适时性的统一。以电子签名安全领域的法律保障为例，俄罗斯在该领域的现行联邦法是2011年颁布的《俄罗斯联邦电子签名法》，该法在颁布的同时废止了2002年颁布实施的《俄罗斯联邦电子数字签名法》。如果对比前后相隔仅10年的两个版本的法律中的基本术语“电子数字签名”和“电子签名”的解释，就可以发现网络空间安全法律的与时俱进：《俄罗斯联邦电子数字签名法》中“电子数字签名”被解释为“电子文件的要素”，而《俄罗斯联邦电子签名法》中“电子签名”被解释为“电子形式的信息”。相比而言，后一种解释更符合其在网络空间中的本质。《俄罗斯联邦电子签名法》自颁布实施到2022年7月已经进行14次修正。第14次修正的依据是2022年第339号联邦法修正案，对原联邦法的第14条、第16条和第17条做了修改、删除和补充等，修正的内容涉及向法人签发电子签名密钥情形、电子签名密钥委托使用和电子签名密钥丢失责任等。① 由此可见，通过适时修正，俄罗斯网络空间安全法律在确保稳定性的基础上，更好地发挥了调整相关领域社会关系的作用。

五、重视网络空间安全国际法立法

网络空间运行架构的跨国性特点使得传统国家安全观发生了重大变化，国际层面的网络空间安全对话与合作成为国家安全战略发展的重要趋势，而网络空间安全的国际法保障就是其中的关键。俄罗斯在网络空间安全法律体系建设

---

① Федеральный закон от 6. 04. 2011 г. №63 – ФЗ. Об электронной подписи [EB/OL]. [2022 – 3 – 16]. http://www. kremlin. ru/acts/bank/32938.

中，非常重视网络空间安全国际法立法，这主要体现在两个方面：

一是不断丰富网络空间安全双边和多边条约。俄罗斯推动网络空间安全双边和多边条约的达成一般遵循以下工作流程：开展国家间网络空间安全合作对话会谈，建立国家间网络空间安全机构对话机制，发表国际网络空间安全保障联合声明，签署网络空间安全双边和多边条约。俄罗斯已经签署的网络空间安全双边和多边条约，在其网络空间安全法律体系的层级结构中具有较高地位。从法律效力上来说，它们低于《俄罗斯联邦宪法》而高于联邦法及其他法律法规。这意味着如果相关联邦法及其他法规中有与俄罗斯已经签署并批准的网络空间安全双边和多边条约不相符的条款，要依据双边和多边条约的内容进行修改。从俄罗斯已经签署和正在推动达成的网络空间安全双边和多边条约的效果来看，俄罗斯的国际网络空间安全保障体系正在不断扩大。二是不断推动网络空间安全国际公约的达成。俄罗斯已经签署的网络空间安全双边和多边条约在扩大国际网络空间安全保障体系范围的同时，也在为推动网络空间安全国际公约的达成奠定组织基础。俄罗斯正在推动达成的网络空间安全国际公约主要有三份：《国际信息安全保障公约（构想）》《联合国互联网安全公约（构想）》和《联合国防止利用信息通信技术犯罪公约（草案）》。《国际信息安全保障公约（构想）》于2011年由俄罗斯向联合国大会提交，该草案虽然没有在联合国层面达成一致，但草案中的一些条款和原则目前已经在一些双边或多边网络空间安全国际条约中被使用，这证明该草案具有一定的国际共识基础。《联合国互联网安全公约（构想）》最早在2017年由俄罗斯在第三届金砖国家通信部长会议上提出，其核心思想是改善互联网治理的国际合作，将互联网治理区分为国际与国家两个层面。该草案目前并未在更广范围内被讨论和使用。《联合国防止利用信息通信技术犯罪公约（草案）》是俄罗斯在2017年向联合国大会提交的，目的是希望各国在联合国框架下共同应对国际网络犯罪问题。该草案已经被联合国大会通过，目前在联合国特别委员会框架下进行了两轮商谈，有望成为代替《布达佩斯网络犯罪公约》的“协调国际合作打击网络犯罪”的真正意义上的国际公约。

第三章　俄罗斯网络空间安全组织管理体系

在俄罗斯2000年颁布的《俄罗斯联邦信息安全学说》和2016年颁布的新版《俄罗斯联邦信息安全学说》中，网络安全并未作为基本术语被提出并使用，并且俄罗斯至今也没有出台专门的网络安全战略或政策，但这并不意味着俄罗斯不重视网络安全建设。由于历史、国情及政治等因素的影响，俄罗斯一直把网络安全视为信息安全的子概念，把网络安全组织体系视为国家信息安全保障体系的重要组成部分。俄罗斯网络安全组织体系的发展受国家权力机关改革进程影响，以2003年的俄罗斯联邦政府通信与信息署被撤销为标志，其发展可以被划分为两个阶段：2003年之前，俄罗斯网络安全组织体系构成相对单一；2003年之后，其逐步发展完善并形成目前的网络安全组织体系。

第一节　俄罗斯网络空间安全组织管理体系的基本构成

俄罗斯网络安全组织体系从构成上看，主要分为两个层面：决策层面和执行层面。决策层面的网络安全机构包括俄罗斯联邦总统和俄罗斯联邦安全会议，主要职能是制定国家网络安全战略，颁布国家网络安全政策，调整和完善国家网络安全组织体系，监督各网络安全机构对国家网络安全战略和国家网络安全政策的执行情况等。执行层面的网络安全机构主要有：俄罗斯联邦安全局，俄罗斯联邦保卫局，俄罗斯联邦通信、信息技术和大众传媒监督局，俄罗斯联邦技术和出口监督局，俄罗斯联邦外交部，俄罗斯联邦总参谋部，俄罗斯联邦国民警卫队以及俄罗斯联邦中央银行等，它们的主要职能是在各自职权范围内执行总统和俄罗斯联邦安全会议关于国家网络安全战略和国家网络安全政策的命令、决定等，保障俄罗斯网络安全不受威胁。

一、决策层面

（一）俄罗斯联邦总统

俄罗斯联邦总统在国家网络安全保障和网络安全组织体系中处于决定性的主导地位，其在网络安全组织体系中的决策功能主要体现在以下两个方面：一是批准有关网络安全的战略、法律和政策。俄罗斯联邦总统批准的有关网络安全的战略文件主要有：2014 年 12 月批准的《国家计算机攻击俄罗斯联邦信息资源监测、预警和后果消除体系构想》总统令、2016 年 12 月批准的《俄罗斯联邦信息安全学说》等；俄罗斯联邦总统批准的有关网络安全的法律文件主要有：2003 年 6 月批准的《俄罗斯联邦通信法》、2006 年 6 月批准的《俄罗斯联邦信息、信息技术和信息保护法》和《俄罗斯联邦个人数据法》、2011 年 4 月批准的《俄罗斯联邦电子签名法》、2017 年 6 月批准的《俄罗斯联邦关键信息基础设施安全法》和 2019 年 5 月批准的“主权互联网法案”等；俄罗斯联邦总统批准的有关网络安全政策的文件主要有：2012 年批准颁布的《俄罗斯联邦关键基础设施重要目标生产和工艺过程自动化管理系统安全保障领域国家政策》总统令和 2013 年 7 月批准颁布的《2020 年前俄罗斯联邦国际信息安全领域国家政策框架》等。这些文件的批准和颁布，明确了俄罗斯网络安全建设的目标、方向、原则和方法，确定了网络安全建设的基本框架，是俄罗斯网络安全建设的顶层规划。二是调整完善网络安全组织体系以适应网络安全建设的实际状况，确保国家网络安全战略、政策的实施。如2003年3月，为了适应俄罗斯网络安全形势发展，俄罗斯联邦总统颁布了《完善俄罗斯联邦安全领域国家机构的措施》总统令，撤销了最主要的网络安全机构俄罗斯联邦政府通信与信息署，并将其所属的负责不同领域网络安全业务的部门分别转隶至俄罗斯联邦安全局、俄罗斯联邦对外情报局和俄罗斯联邦保卫局。①

（二）俄罗斯联邦安全会议

俄罗斯联邦安全会议俄罗斯是国家网络安全事务的决策核心，它的决策功能主要体现在以下两个方面：一是制定、颁布有关网络安全建设措施的政策、决议等。如2009年7月俄罗斯联邦安全会议颁布了《将超级计算机技术和网格技术运用于保障国家安全领域的国家政策》。该文件提出要明确超级计算机技术和网络技术在保障国家安全和经济发展领域的优先发展方向，制定使用超级计算机技术和网络技术的相关法律文件，创建建设网格网络的条件并研制网格网络专用软件程序等。② 2010年10月俄罗斯联邦安全会议颁布了《2020年前用于国防和国家安全领域通信网络发展的国家政策的主要方向》，明确提出要加快推进信息通信网络建设的国有替代战略。③ 2015年7月俄罗斯联邦安全会议批准了《信息安全领域人才保障问题主要决定》。该文件提出要制定网络安全人才发展长期构想，确保网络安全人才培养与市场需求之间的平衡，创建网络安全人才培养领域联邦执行权力机关、教育教学机构及社

---

① Указ Президента Российской Федерации от 11.03.2003 г. №308. О мерах по совершенствованию государственного управления в области безопасности Российской Федерации［EB/OL］.［2022－3－2］. http：//www.kremlin.ru/acts/bank/19298.

② Государственную политику в области применения суперкомпьютеров и грид-технологий в интересах обеспечения национальной безопасности обсудят сегодня на заседании Совбеза РФ［EB/OL］.［2022－3－22］. https：//digital.gov.ru/ru/events/21700/.

③ О создании современных систем связи для нужд обороны и безопасности страны, поддержания правопорядка［EB/OL］.［2022－3－22］. http：//www.scrf.gov.ru/council/session/2048/.

会组织的协调机制等。① 二是监督、评估和协调网络安全机构的具体工作。按照《俄罗斯联邦安全会议条例》的规定，俄罗斯联邦安全会议有权监督网络安全机关对国家网络安全政策的执行，可以就执行总统关于网络安全保障领域的决定协调网络安全机关的具体工作，并制定具体工作标准、指标，以评估其工作的效果。②

二、执行层面

（一）俄罗斯联邦安全局

俄罗斯联邦安全局是联邦执行权力机关，负责领导国家安全机构实施国家安全保障工作。该局负责网络安全工作的部门主要有：

1. 信息安全中心。信息安全中心隶属于俄罗斯联邦安全局反间谍局，其前身是反间谍局计算机与信息安全局，由于职能特殊，该中心主任还会被任命为反间谍局副局长。该中心的职能主要涉及三个领域：一是打击网络犯罪，如网络诈骗、金融黑客、非法传播个人信息等；二是保护国家网络选举系统，如保障俄罗斯中央选举委员会通过受保护的通信网络传输选举投票信息；三是实施互联网网络监控，信息安全中心主要使用“业务侦察措施侦察系统”（Система Оперативно-Розыскных Мероприятий，简写为 СОРМ）实施互联网监控，该系统的发展已经历 СОРМ－1、СОРМ－2、СОРМ－3 三代。СОРМ－1 主要拦截固定电话信号和手机网络信号，СОРМ－2 主要监控国际互联网通信并追踪互联网用户信息，СОРМ－3 可以监控各种类型的通信系统，并能够确保长时间存储监控记录。此外，为了细化网络监控业务，该中心还会通过招标的形式购买各种由

---

① По вопросу “О кадровом обеспечении безопасности в информационной сфере”（принятые на оперативном совещании Совета Российской Федерации 23. 07. 2015 г. ）［EB/OL］．［2022－3－22］． http：//confib. ifmo. ru/images/application/53/presentation. pdf.

② Положение о Совете Безопасности Российской Федерации（утверждено Указом Президента Российской Федерации от 7. 03. 2020 г. №175）［EB/OL］．［2022－3－22］． http：//www. scrf. gov. ru/about/regulations/.

俄罗斯程序员开发的专用软件系统，例如，2010 年该中心曾招标购买“分析业务决策”公司的“语义档案系统”，用于监控各种网络社交平台。①

2. 特种通信与信息防护中心。特种通信与信息防护中心隶属于俄罗斯联邦安全局科技局，其前身是俄罗斯联邦政府通信与信息署通信安全总局，俄罗斯联邦政府通信与信息署于 2003 年被撤销后，通信安全总局转隶并更名为俄罗斯联邦安全局通信安全中心，即现在的特种通信与信息防护中心，该中心主任一般还会被任命为科技局副局长。该中心的主要职能包括密码管理、密码装备管理、保护加密通信网络安全及密码破译等。为了加强密码管理工作，该中心会根据国家网络安全政策发展及时制定相应的指导文件。如《俄罗斯联邦个人数据法》在 2014 年修改相关条款后，特种通信与信息防护中心于 2015 年 3 月颁布了“关于制定针对个人数据安全威胁的规范性法规的业务建议”。②

3. 国家计算机事件协调中心。国家计算机事件协调中心是按照《俄罗斯联邦关键基础设施安全法》的规定于 2018 年 9 月创建的，它是俄罗斯从 2013 年开始建设的国家计算机攻击监测、预警和后果消除体系的关键部门。按照俄罗斯联邦安全局公布的“国家计算机事件协调中心条例”，该中心的任务是协调俄罗斯关键信息基础设施主体在计算机攻击监测、预警和后果消除以及计算机事件应急响应领域的活动。其具体职能主要包括：协调响应计算机事件的措施并直接参与应急响应；为关键信息基础设施主体提供计算机攻击和计算机事件应急响应的系统性措施；参与计算机攻击的监测、预警和后果消除；收集、储存并分析计算机攻击和计算机事件信息；运营国家计算机事件协调中心的技术

---

① Как спецслужбы мониторят социальные сети [EB/OL]. [2022 - 3 - 22]. https：//haec-hactenus. livejournal. com/12980. html.

② Методические рекомендации по разработке нормативных правовых актов, определяющих угрозы безопасности персональных данных, актуальные при обработке персональных данных в информационных системах персональных данных, эксплуатируемых при осуществлении соответствующих видов деятельности（утверждены руководством 8 Центра ФСБ России 31. 03. 2015г. №149/7/2/6 - 432）[EB/OL]. [2022 - 3 - 23]. http：//www. fsb. ru/files/PDF/Metodicheskie_recomendacii. pdf.

基础设施等。①

（二）俄罗斯联邦保卫局特种通信与信息局

特种通信与信息局的前身是俄罗斯联邦政府通信与信息署政府通信总局。2003 年俄罗斯联邦政府通信与信息署被撤销后，通信总局转隶至俄罗斯联邦保卫局，并与原俄罗斯联邦保卫局总统通信局合并组建特种通信与信息局。该局的职能主要涉及两个领域：一是保护政府通信网络安全。其保护的政府通信网络分不同层级，主要有：总统专用通信网络、“自动电话站－1”、“自动电话站－2”、“自动电话站－3”、政府长途通信网络和统一数据传输网。二是保护俄罗斯互联网国家网段安全。2015 年，俄罗斯联邦总统颁布了《俄罗斯联邦信息安全的若干问题》总统令，明确赋予俄罗斯联邦保卫局保护俄罗斯互联网国家网段安全的职责，② 而该局负责这一领域业务的机构主要是特种通信与信息局。2016 年，俄罗斯联邦保卫局颁布了《俄罗斯联邦互联网国家网段信息通信网络条例》，明确规定，特种通信与信息局负责国家权力机关及联邦主体权力机关接入国家信息通信网络互联网的一切相关事宜。③ 在俄罗斯加快建设互联网国家网段的背景下，特种通信与信息局是近几年俄罗斯网络安全机构中发展最快的部门。2018 年，俄罗斯联邦总统颁布了《修改俄罗斯联邦保卫局条例》总统令，明确赋予俄罗斯联邦保卫局及其所属机构在职责范围内参与国际网络安全领域国家政策的实施，以及采取必要措施进行网络安全对抗，以保护俄罗

① Приказ ФСБ России от 24. 07. 2018 г. №366. О Национальном координационном центре по компьютерным инцидентам [EB/OL]. [2022－3－23]. https：//www. garant. ru/products/ipo/prime/doc/71941506/.

② Указ Президента Российской Федерации от 22. 05. 2015 г. №260. О некоторых вопросах информационной безопасности Российской Федерации [EB/OL]. [2022－3－24]. http：//www. kremlin. ru/acts/bank/39718.

③ Приказ Федеральной службы охраны Российской Федерации от 7. 09. 2016 г. №443. Об утверждении Положения о российском государственном сегменте информационно-телекоммуникационной сети " Интернет [EB/OL]. [2022－3－24]. https：//rg. ru/2016/10/26/prikaz-internet-dok. html.

斯联邦信息资源安全。[①] 2020 年 3 月，为了加强各联邦主体地区国家信息通信网络安全建设，俄罗斯联邦保卫局在各地方局中组建了“特种通信与信息中心”，进一步完善了俄罗斯联邦保卫局系统的网络安全机构。[②]

（三）俄罗斯联邦内务部

俄罗斯联邦内务部是联邦执行权力机关，负责领导内务机构在内部保卫、毒品管制和移民等领域实施国家政策。该部负责网络安全工作的部门主要有：

1. 信息技术、通信与信息防护司信息防护局。按照《俄罗斯联邦内务部信息技术、通信与信息防护司条例》的规定，信息防护局是参与制定、实施内务部信息安全保障国家政策的主要机构，具体履行以下职责：一是组织和保障俄罗斯联邦内务部机关及全国内务部机构信息通信系统密码安全；二是在职权范围内组织和保障信息安全目标的技术防护及对抗技术侦察；三是组织联邦、联邦管区和地区层面内务部门信息通信系统的信息技术防护活动；四是协调和监督相关机构开展个人信息系统中个人数据的安全保障工作。[③]

2. 通信与信息防护总中心信息防护中心。通信与信息防护总中心是 2010 年按照俄罗斯政府命令创建的，中心下设 4 个分中心，其中之一是信息防护中心。信息防护中心下共设 4 个处：信息技术防护计划与监督处、信息技术防护特种措施处、自动化系统保障处、辅助设备保障处等。信息防护中心的主要职责：一是保障俄罗斯联邦内务部及其所属机构通信与数据传输系统（包括涉密

---

① Указ Президента Российской Федерации от 27. 02. 2018 г. №89. О внесении изменений в Положение о Федеральной службе охраны Российской Федерации [EB/OL]. [2022 - 3 - 24]. http：//www. kremlin. ru/acts/bank/42849#sel = 4：166：he，4：167：eh.

② Приказ Федеральной службы охраны Российской Федерации от 20. 01. 2020 г. №4. Об утверждении Типового положения о центре специальной связи и информации Федеральной службы охраны Российской Федерации [EB/OL]. [2022 - 3 - 24]. https：//rg. ru/2020/03/18/fso-prikaz4-site-dok. html.

③ Приказ Министерство Внутренних Дел Российской Федерации от 16. 06. 2011г. №681. Об утверждении Положения о Департаменте информационных технологий, связи и защиты информации Министерства внутренних дел Российской Федерации [EB/OL]. [2022 - 3 - 24]. https：//legalacts. ru/doc/prikaz-mvd-rossii-ot-16062011-n-681-ob-utverzhdenii/.

通信与数据传输系统）安全，二是在俄罗斯联邦内务部及其所属机构使用的自动化办公系统、信息传输系统中实施信息技术防护及对抗技术侦察。① 为了加强各联邦主体地区内务部门网络安全建设，2013 年起，内务部在各地方内务部门中开始组建信息技术、通信与信息防护中心。②

3. 特种技术措施局 K 处。特种技术措施局 K 处的前身是俄罗斯 1998 年设立的俄罗斯联邦内务部反经济犯罪总局反高技术犯罪局。反高技术犯罪局下设 3 个与计算机犯罪相关的处：反计算机信息犯罪处、反电信犯罪处、反无线电电子装备和特种技术装备非法交易处。2002 年，反高技术犯罪局被撤销，其编制、人员和装备整体转隶至特种技术措施局并被称为 K 处，人们通常习惯称其为俄罗斯联邦内务部 K 局。发展至今，俄罗斯联邦内务部 K 局的主要职能包括 4 个领域：一是打击计算机信息犯罪。主要包括非法访问受法律保护的计算机信息，创建、使用和非法传播恶意软件程序，计算机信息诈骗，违反计算机信息存储、处理和传输设备或信息通信网络设备操作规则等。二是打击利用信息通信网络针对未成年人健康及社会道德的犯罪。主要包括利用信息通信网络制作和传播含有未成年人色情图片的材料或物品，通过信息通信网络利用未成年人制作色情材料或物品等。三是打击特种技术装备（可以秘密获取信息的装备）非法交易犯罪。四是打击利用信息通信网络非法使用版权及侵犯版权相关权利犯罪。③

---

① Распоряжение Правительства Российской Федерации от 23. 10. 2010г. №1836 – р. О создать федеральное государственное бюджетное учреждение “лавный центр связи и защиты информации Министерства внутренних дел Российской Федерации” и отнести его к ведению МВД России" [EB/OL]. [2022 –3 –24]. https：//rg. ru/2011/03/14/centrsvyazi-site-dok. html.

② Об утверждении Положения о Центре информационных технологий, связи и защиты информации Главного управления Министерства внутренних дел Российской Федерации по г. Санкт-Петербургу и Ленинградской области [EB/OL]. [2022 – 3 – 24]. http：//docs. cntd. ru/document/556640528.

③ Управление “К” МВД России [EB/OL]. [2022 – 3 – 24]. https：//xn—b1aew. xn—p1ai/mvd/structure1/Upravlenija/Upravlenie_K_MVD_Rossii.

（四）俄罗斯联邦数字发展、通信和大众传媒部

俄罗斯联邦数字发展、通信和大众传媒部是联邦执行权力机关，负责制定和实施信息技术、电信与邮政通信、大众传媒、印刷出版和个人数据处理等领域的国家政策和法律法规监管。该部负责网络安全工作的部门主要有：

1. 网络空间安全司。网络空间安全司于 2018 年 5 月由俄罗斯联邦数字发展、通信和大众传媒部调整组建时成立，下设 6 个处：信息安全项目管理处、信息安全行业标准发展和应用处、反网络欺诈威胁处、关键信息基础设施目标保护能力促进处、国家信息系统和信息资源保护方法处和统一通信网络信息安全保障处。网络空间安全司主要负责《俄罗斯联邦国家数字经济纲要》中“信息安全”联邦项目的执行。“信息安全”联邦项目实施的目标是确保关键信息基础设施的稳定性和安全性，确保国内网络空间安全持续发展和网络空间安全技术的竞争力，建立有效的网络空间安全制度，保护个人、企业和国家的权利和合法利益免受网络空间安全威胁。

2. 俄罗斯联邦通信、信息技术和大众传媒监督局。俄罗斯联邦通信、信息技术和大众传媒监督局是隶属于俄罗斯联邦数字发展、通信和大众传媒部的联邦执行权力机关。该局于 2008 年根据总统令组建，其前身为俄罗斯联邦大众传媒、通信与文化遗产保护监督局。该局负责网络安全工作的部门主要有：大众传媒许可局、大众传媒检查和监督局、通信许可局、通信检查和监督局、信息技术监督局、个人数据主体权力保护局以及公共通信网络监测和管理中心等。该局在网络安全领域的职责主要有：一是在通信领域实施国家检查和监督。主要是对通信网络进行设计、建设、改造和维护，对通信装备实施检查和监督，对俄罗斯统一通信网络 IP 地址资源使用进行检查和监督，对独立通信网络连接公共通信网络（国际互联网）的程序及条件进行检查和监督等。二是业务注册登记。主要是对国内公共通信网络中的重要网络运营商、国内网络媒体、国内个人数据运营商以及在俄罗斯境内运营的国外网络服务商等实施统一登记注册。三是根据《俄罗斯联邦个人数据法》对个人数据处理实施检查和监督等。① 近年来，该局在维护俄罗斯国家网络安全领域采取了一系列措施，例如，2013 年拟制“网站和互联网服务托管商黑名单”，2016 年屏蔽职业社交网站领英（LinkedIn），2017 年依据《俄罗斯联邦个人数据法》对脸书进行审查，2018 年对谷歌未删除违法信息链接进行处罚，2019 年要求虚拟专用网路服务商接通俄罗斯国家信息系统等。

（五）俄罗斯联邦技术和出口监督局

俄罗斯联邦技术和出口监督局是联邦执行权力机关，隶属于国防部，由俄罗斯联邦总统直接管理。该局前身为组建于 1992 年且直接隶属于总统的国家技术委员会，2004 年该委员会根据总统令更名为俄罗斯联邦技术和出口监督局。该局的主要职能是监督涉及国家安全的信息安全保障工作，组织协调相关部门对抗其他国家在本国境内的技术侦察，监督对外经济活动中军民两用货物及受国际交易限制货物的出口等。该局在网络安全领域的职责主要有：一是在关键信息基础设施安全保障领域实施国家政策，组织和实施关键信息基础设施领域反技术侦察和信息技术防护；二是组织和领导联邦、联邦管区及地区层面的信息技术防护；三是执行信息防护领域技术装备研制、生产、使用的国家科技政策；四是独立实施关键信息基础设施重要目标信息技术防护；五是保障国家机关、地方自治机关等政府部门关键信息基础设施的安全；六是监督国家机关、地方自治机关等政府部门的信息技术防护活动；七是在关键信息基础设施重要目标安全保障领域实施国家监督等。②

（六）俄罗斯联邦外交部

1. 俄罗斯联邦总统信息安全领域国际合作问题特别代表。2013 年俄罗斯联邦总统批准了《2020 年前俄罗斯联邦国际信息安全领域国家政策框架》，指

---

① Постановление Правительства Российской Федерации от 16. 03. 2009г. №228. О Федеральной службе по надзору в сфере связи, информационных технологий и массовых коммуникаций [EB/OL]. [2022 – 3 – 25]. https：//rg. ru/2009/03/24/polozhenie-dok. html.

② Указ Президента Российской Федерации от 16. 08. 2004 г. №1085. Вопросы Федеральной службы по техническому и экспортному контролю [EB/OL]. [2022 – 3 – 25]. http：//www. kremlin. ru/acts/bank/21312.

出俄罗斯面临的网络安全威胁状况，阐述了俄罗斯在国际网络安全合作领域的目标、任务、原则和举措等。① 2014 年，为了推动《2020 年前俄罗斯联邦国际信息安全领域国家政策框架》的贯彻执行，俄罗斯联邦总统任命外交部新威胁与新挑战司副司长安德烈·克鲁茨基赫为俄罗斯联邦总统信息安全领域国际合作问题特别代表。② 安德烈·克鲁茨基赫之所以会被任命为总统特别代表，与其此前一直从事网络安全领域国际合作工作紧密相关：2004—2005 年和 2009—2010 年曾担任联合国信息安全政府专家组组长；2006 年曾任上海合作组织国际信息安全专家组组长；2011 年被任命为新威胁与新挑战司副司长，主要负责领导外交部国际网络安全合作事务；2012 年起任外交部信息通信技术政治利用问题特别协调员。2014 年安德烈·克鲁茨基赫被任命为总统信息安全领域国际合作问题特别代表后，加快推动俄罗斯在国际网络安全合作领域的话语权和主导权的实现。2015 年 6 月，在俄罗斯及各国代表的推动下，联合国大会裁军与国际安全委员会通过了由联合国信息安全政府专家组提交的“负责任国家行为规范、规则和原则”。按照专家组在文中所述，这份文件参考了俄罗斯等国于 2015 年 1 月向联合国秘书长提交的“信息安全国际行为准则”。

2. 国际信息安全司。2013 年俄罗斯联邦总统批准的《2020 年前俄罗斯联邦国际信息安全领域国家政策框架》对俄罗斯国家权力机关在完成国际信息安全保障的目标和任务中的具体职责做了规定，外交部新威胁与新挑战司是其中的关键业务部门。为适应国际网络安全合作与斗争形势的发展，2019 年俄罗斯联邦总统签署命令创建外交部国际信息安全司，其前身为外交部新威胁与新挑战

---

① Основы государственной политики Российской Федерации в области международной информационной безопасности на период до 2020 года（Утверждены Президентом Российской Федерации В. Путиным 24. 07. 2013 г. №Пр – 1753）［EB/OL］.［2022 – 3 – 25］. http：//www. scrf. gov. ru/security/information/document114/.

② Владимир Путин подписал Указ о специальном представителе Президента Российской Федерации по вопросам международного сотрудничества в области информационной безопасности［EB/OL］.［2022 – 3 – 25］. http：//www. kremlin. ru/acts/news/20167.

战司下属相关业务处。按照外交部官员的说法，设立国际信息安全司的目的是与将信息网络技术用于军事政治目的、恐怖主义和犯罪行为做斗争，推动国际层面的网络安全合作协议的达成。①

（七）俄罗斯联邦武装力量总参谋部

俄罗斯联邦武装力量总参谋部是俄罗斯联邦国防部的中央军事指挥机关、武装力量基本作战指挥机关，根据总统和国防部部长的决定对武装力量实施指挥，在权限范围内协调其他军队、机构在国防领域的活动。总参谋部中与网络安全有关的部门包括：作战总局信息对抗局、情报总局和第八局。这些部门在各自职责范围内承担不同的任务：作战总局信息对抗局主要负责网络空间对抗的组织筹划、指挥管理；情报总局主要负责网络空间侦察和网络空间行动；第八局主要负责国防部网络空间安全保障。

（八）俄罗斯联邦国民警卫队信息技术局信息安全处

俄罗斯联邦国民警卫队是联邦执行权力机关，在 2016 年按照俄罗斯联邦总统命令以原内务部内卫部队为基础组建，由俄罗斯联邦总统直接管理。俄罗斯联邦国民警卫队信息技术局信息安全处组建于 2017 年，其主要职能是评估网络安全威胁、网络攻击应急响应、监控网络社交媒体以打击极端主义宣传等。②

（九）俄罗斯联邦中央银行信息安全司

俄罗斯联邦中央银行信息安全司组建于 2018 年，其前身为俄罗斯联邦中央银行信息防护与安全总局。其主要职责有：制定和执行俄罗斯联邦中央银行在金融机构信息安全领域检查和监督方面的政策；参与制定和协调金融机构在信息安全保障、网络稳定性及信息技术运用领域的联邦法律、联邦银行法规等；调整和监督金融机构在信息安全保障、网络稳定性及信息技术运用等领域

---

① Путин создал в МИД департамент по международной информационной безопасности [EB/OL]. [2022 - 3 - 25]. https://news.myseldon.com/ru/news/index/221234864.

② В Росгвардии появится подразделение киберразведки [EB/OL]. [2022 - 3 - 25]. https://digital.report/v-rosgvardii-poyavitsya-podrazdelenie-kiberrazvedki/.

的活动；组织金融领域机构交换网络安全威胁信息并对抗网络攻击；抵御金融领域的网络诈骗和社会工程攻击等。信息安全司下设“财政金融领域计算机攻击监控和应急响应中心”，其职能是组织和实施金融机构与执法机构间的网络安全威胁信息交流，监测金融机构互联网公开资源以预防网络攻击，与国外计算机攻击应急响应组织进行合作等。①

（十）俄罗斯联邦总检察长办公室打击网络犯罪跨部门工作组

俄罗斯联邦总检察长办公室打击网络犯罪跨部门工作组于2020年9月由俄罗斯联邦总检察长签署命令创建，隶属于俄罗斯联邦总检察长办公室。该工作组成员主要由俄罗斯联邦总检察院检察官及俄罗斯联邦外交部、俄罗斯联邦内政部、俄罗斯联邦安全局、俄罗斯联邦侦查委员会、俄罗斯联邦司法部等部门代表组成，其主要职责包括：协调执法机构在打击网络犯罪领域的具体工作；推动《联合国防止利用信息通信技术犯罪公约（草案）》在国际社会的谈判及签约进程；与其他国家就打击跨国网络犯罪开展合作等。

除了上述部门外，俄罗斯联邦对外情报局、俄罗斯联邦侦查委员会和俄罗斯联邦民防、紧急情况和消除自然灾害后果部等国家机构也设有网络安全相关业务部门。此外，随着2017年《俄罗斯联邦关键信息基础设施安全法》的颁布实施，俄罗斯许多知名网络安全公司，如卡巴斯基实验室、网络医生公司、IB集团、安全代码公司、信息防护公司等，也以各种形式加入俄罗斯国家网络安全保障组织体系，以上机构、部门和企业共同构成俄罗斯网络安全组织体系。

第二节　俄罗斯网络空间安全组织管理体系的主要特点

一、管理模式高度集权

俄罗斯网络安全组织体系受国家政治体制影响，发展至今已形成总统高度

---

① Департамент информационной безопасности ЦБ России [EB/OL]. [2022 - 3 - 25]. https://cbr.ru/about_br/bankstructute/dib/.

集权的管理模式，这主要表现在两个层面：一是在决策层面形成了以总统为绝对核心的管理机制。俄罗斯联邦安全会议作为网络安全组织体系的决策机构之一，同时也承担着总统决策辅助机构的职能。按照《俄罗斯联邦安全会议条例》的规定，从功能定位上看，俄罗斯联邦安全会议要为总统的网络安全决策提供建议，要为总统履行国家网络安全保障权力创造条件，要监督国家网络安全机构执行总统制定的国家网络安全政策的实施等；从组成结构上看，总统按照宪法规定领导俄罗斯联邦安全会议并赋予其网络安全领域的任务和职能，总统是俄罗斯联邦安全会议的主席，俄罗斯联邦安全会议常委和委员的任命与解职由总统批准，俄罗斯联邦安全会议常委会和俄罗斯联邦安全会议全体会议的召开由总统决定，《俄罗斯联邦安全会议条例》由总统批准。① 从以上两点可以看出，俄罗斯联邦总统在网络安全组织体系的决策层面拥有绝对的领导权。二是在执行层面形成总统垂直管理机制。俄罗斯联邦总统对网络安全机构的管理主要通过颁布总统令的形式来实现，如：以总统令的形式撤销和组建网络安全机构以调整国家网络安全组织体系；以总统令的形式批准网络安全机构工作条例以确定其编制体制、业务领域及工作方针等；以总统令的形式对各网络安全机构或网络安全机构的上级部门负责人进行任免以推进网络安全机构对国家网络安全政策的执行等。通过这些总统令，俄罗斯联邦总统实现了对网络安全机构的直接领导和垂直管理。

二、决策机制相对科学

以总统为绝对核心的网络安全组织体系决策层在制定网络安全相关战略方针、政策时，俄罗斯联邦安全会议作为辅助决策的组织基础，其决策机制已经相对成熟、科学，这与俄罗斯联邦安全会议的内部机构设置有直接关系。俄罗

① Положение о Совете Безопасности Российской Федерации（утверждено Указом Президента Российской Федерации от 7. 03. 2020г. №175）［EB/OL］.［2020 - 3 - 25］. http：//www. scrf. gov. ru/about/regulations/.

斯联邦安全会议内部有两类机构：常设工作机构和日常工作机构。俄罗斯联邦安全会议中涉及网络安全事务的常设工作机构主要是俄罗斯联邦安全会议信息安全跨部门委员会、俄罗斯联邦安全会议科学委员会信息安全分会，涉及网络安全事务的日常工作机构主要是俄罗斯联邦安全会议机关中的信息技术与信息安全保障司，这三个机构在俄罗斯联邦安全会议决策机制中有不同的职能，共同保障国家网络安全政策的科学性。俄罗斯联邦安全会议信息安全跨部门委员会的主要职能是：为俄罗斯联邦安全会议制定和实施网络安全领域的国家政策提供提案和建议；分析和评估国家网络安全威胁及来源，并就预防威胁和保障俄罗斯网络安全向俄罗斯联邦安全会议提出提案和建议；就制定网络安全领域的法规文件向俄罗斯联邦安全会议提出提案和建议等。俄罗斯联邦安全会议科学委员会信息安全分会的主要职能是：为俄罗斯联邦安全会议及其工作机构、机关拟制国家网络安全政策提供科学研究的建议；为俄罗斯联邦安全会议及其工作机构、机关实施网络安全保障和制定国家网络安全政策的决议进行科学检验等。信息技术与信息安全保障司的主要职能是：俄罗斯为联邦安全会议研究和实施网络安全保障领域国家政策提供建议；评估网络安全领域内外威胁，为俄罗斯联邦安全会议拟制预防网络安全威胁的建议；俄罗斯为联邦安全会议制定网络安全领域的法规文件提出建议等。从决策流程来看，信息技术与信息安全保障司负责提出网络安全建设建议，俄罗斯联邦安全会议信息安全跨部门委员会负责讨论信息技术与信息安全保障司提出的网络安全建设建议并形成网络安全建设提案，俄罗斯联邦安全会议主席（俄罗斯联邦总统）主持俄罗斯联邦安全会议常委会或全体会议讨论信息安全跨部门委员会网络安全建设提案，并形成网络安全建设决议或政策，俄罗斯联邦安全会议科学委员会信息安全分会全程提供科学建议和意见，最终经总统批准形成国家网络安全政策。

三、协调机制不够健全

俄罗斯网络安全组织体系按照职能主要划分为决策层和执行层，缺乏明确的协调层。而在目前的网络安全组织体系中，有一定协调功能的主要是俄罗斯联邦安全会议、俄罗斯联邦安全会议信息安全跨部门委员会、俄罗斯联邦技术和出口监督局委员会，但这三个机构在网络安全领域协调功能的发挥方面都有较大的局限性。俄罗斯联邦安全会议的局限性主要在于：俄罗斯联邦安全会议的议题涉及国家安全的各个领域，难以聚焦网络安全事务议题以协调各部门机构的具体事务性工作；俄罗斯联邦安全会议层级高，网络安全机构负责人难以参与具体会议内容讨论，导致俄罗斯联邦安全会议的网络安全建设协调职能大大降低。俄罗斯联邦安全会议信息安全跨部门委员会的局限性在于：虽然该委员会的层级较高，从成员构成上看也吸纳了相关网络安全机构负责人，但委员会成员多达40多名且多数并非直接涉及网络安全事务，这就降低了网络安全事务协调机构的专业性。更重要是的是，按照《俄罗斯联邦安全会议信息安全跨部门委员会条例》的规定，该委员会通常每季度召开一次会议，这样的工作节奏很难跟得上俄罗斯面临的纷繁复杂的网络安全斗争环境和不断发展的网络安全威胁形势。俄罗斯联邦技术和出口监督局委员会具有跨部门委员会的性质，从成员构成上看，有俄罗斯联邦技术和出口监督局局长、俄罗斯联邦内政部第一副部长、俄罗斯联邦总参谋部作战总局局长、俄罗斯联邦保卫局特种通信与信息局局长、俄罗斯联邦安全局副局长、俄罗斯联邦对外情报局副局长等相关职能部门，从委员会职能上看也涉及网络安全事务。其局限性主要在于：一是协调网络安全相关事务并非核心职能；二是作为以俄罗斯联邦技术和出口监督局为基础组建的委员会管理层级过低，且委员会主席也由俄罗斯联邦技术和出口监督局局长担任。

四、政企合作逐渐加快

俄罗斯私营网络安全企业与国家网络安全机构合作早已存在，其形式主要有：为政府部门、军方提供网络安全产品，经网络安全部门允许并获得相关许可资质后开展特定网络安全业务，如卡巴斯基实验室、网络医生公司等企业很早就开始为俄罗斯联邦安全局、俄罗斯联邦国防部提供网络安全产品。但这种形式的合作很难满足国家网络安全形势发展需求。随着俄罗斯对关键信息基础设施安全重视程度不断提高，网络安全组织体系中的政企合作也逐渐加快。2013 年，俄罗斯联邦总统颁布了《创建国家计算机攻击俄罗斯联邦信息资源监测、预警和后果消除体系》总统令，一些企业开始与俄罗斯联邦安全局合作，参与建设国家计算机攻击监测、预警和后果消除体系。2017 年，《俄罗斯联邦关键信息基础设施安全法》颁布，“国家计算机攻击监测、预警和后果消除体系”建设上升到联邦法层面，越来越多的私营企业加入这一建设进程。2017 年 6 月，俄罗斯政府公布了《俄罗斯联邦国家数字经济纲要》，明确将“信息安全”列为国家项目之一，并把国家计算机攻击监测、预警和后果消除体系建设纳入指标体系中，这意味该体系的建设将获得联邦财政的保障，同时也将网络安全建设中的政企合作推入快车道。出现这一趋势的原因主要有两点：一是关键信息基础设施安全保障市场庞大；二是政府财政投入的刺激。

纵观俄罗斯网络安全组织体系发展历程可知，尽管目前该组织体系还存在诸如协调机制不够健全、业务部门之间竞争激烈等不利因素，但其网络安全管理权力高度集中，网络安全决策机制相对成熟，网络安全职能部门较为健全，网络安全政企合作不断深度融合等优势和经验仍值得我们学习。

俄罗斯网络安全组织体系是适应国家网络安全需求发展，在国家网络安全战略指引和网络安全威胁压力的双重作用下不断完善起来的。其领导机制既确保了总统在国家网络安全事务领域的领导权，也保证了总统实施管理决策的有效性和科学性。俄罗斯网络安全职能部门依据业务引领的原则已经形成职责明晰、机构健全的网络安全政策执行体系，从而有效保障了网络安全管理职、责、权的统一。合理借鉴俄罗斯网络安全组织体系建设经验，对于中国加快网络安全机构建设，不断完善网络安全组织体系具有重要意义。

第四章　俄罗斯网络空间安全专业教育体系

随着中国云计算、大数据、物联网、工业互联网、人工智能等新技术新应用大规模发展，网络安全风险融合叠加并快速演变，① 网络安全人才需求急剧增长。面对中国网络安全人才还存在数量缺口较大、能力素质不高、结构不尽合理等问题，与维护国家网络安全、建设网络强国的要求不相适应的现实，②加快网络安全人才培养，加强网络空间安全专业教育体系建设，已经成为建设网络强国的关键支撑。俄罗斯作为当今世界的教育强国之一，成熟的网络空间安全专业教育体系有力支撑了其在国际网络空间中的战略竞争。由于历史、国情等因素的影响，俄罗斯官方一般将网络空间安全专业教育称为信息安全教育。相比中国网络空间安全专业教育，俄罗斯网络空间安全专业教育起步较早、体系完备、机制成熟、特色鲜明。合理借鉴俄罗斯网络空间安全专业教育

---

① 国家计算机网络应急技术处理协调中心 . 2019 年我国互联网网络安全态势综述［R］. 北京：国家计算机网络应急技术处理协调中心，2020：1.

② 中央网络安全和信息化领导小组办公室，国家发展和改革委员会，教育部，科学技术部，工业和信息化部，人力资源和社会保障部 . 关于加强网络安全学科建设和人才培养的意见（中网办发文〔2016〕4 号）［EB/OL］.［2022 - 4 - 6］. http：//news. 163. com/16/0715/16/BS1G0U4U00014JB5. html##1.

体系在立法规范、政策指导、管理监督、培养路径、教学管理等方面的经验，对于探索中国网络安全人才培养模式，构建新时代网络空间安全专业教育体系，实现网络强国战略目标具有重要意义。

第一节 俄罗斯网络空间安全专业教育体系的发展历程

一、初步探索阶段

俄罗斯网络空间安全专业教育发展历史悠久，最早开端于苏联时期的国立莫斯科历史档案学院。1985 年，该院创建了特种文件系，开始培养特种文件处理和防护（即计算机存储信息的处理和防护）专业的学生。此后 3 年间，该系先后成立 4 个教研室，分别负责信息的组织法律防护、信息的工程技术防护、信息的软件硬件防护和秘密文件处理等领域的教学与科研工作，同时创建了专供学生进行实践操作的特种实验室。[①] 实际上，同时期苏联军方和国家安全部门的附属院校中也有类似专业学员的培养，但由于性质特殊，这类院校的网络空间安全专业教育处于保密状态。1992 年，以莫斯科国立工程物理学院为首的开设信息安全教育专业的 15 所学校共同制定了“高校‘信息安全保护技术手段与方法’科技教学大纲”,[②] 这意味着俄罗斯网络空间安全专业培养方向逐渐形成。

1995 年，为进一步推动网络空间安全人才培养工作，俄罗斯联邦安全会议信息安全跨部门委员会做出关于加强信息安全领域人才培养工作的决议：认为网络空间安全人才培养工作是国家信息安全保障的重要组成部分；要求国家高等教育委员会、俄罗斯联邦安全局、俄罗斯联邦政府通信与信息署、国家军工

---

① История Институт информационных наук и технологий безопасности [EB/OL]. [2022 -4 -6]. https: //www. rsuh. ru/iintb/about/history/.

② Горбенко А О. Основы информационной безопасности [M]. Санкт-Петербург: ИЦ “Интермедия”, 2016: 8.

委员会、国家技术委员会及俄罗斯联邦中央银行等机构共同组织网络空间安全人才的培养、培训及进修工作，制订专业培养计划、教学大纲及课程标准等相关文件；建议国家高等教育委员会筹建高校信息安全领域教学法联合会，组建地区信息安全问题教学研究中心。① 这是俄罗斯首次在国家层面安排部署网络空间安全人才培养工作，标志着俄罗斯网络空间安全专业教育体系的形成。

二、发展壮大阶段

在俄罗斯联邦安全会议信息安全跨部门委员会决议的推动下，俄罗斯网络空间安全专业教育体系建设进入快速发展时期。1996 年，根据国家高等教育委员会的命令，以俄罗斯联邦安全局学院密码、通信与信息研究所为核心的俄罗斯联邦信息安全教育高校教学法联合会成立。② 该联合会的主要任务是拟制实施网络空间安全专业教育国家政策的建议，制定网络空间安全专业高等教育国家标准，参与网络空间安全专业教育机构资格审查、许可认证等。2000 年，俄罗斯联邦教育部（后更名为俄罗斯联邦教育和科学部）公布了高等职业教育专业目录，在信息安全专业下设置了密码学、计算机安全、信息技术保护、信息化目标综合防护、自动化系统信息安全综合防护和通信系统信息安全 6 个培养方向，③ 从而进一步明确了网络空间安全专业人才培养方向。2003 年，俄罗斯联邦教育部成立了保护国家机密与信息安全人才培养问题协调委员会。该委员

---

① Решение Межведомственной комиссии по информационной безопасности Совета Безопасности Российской Федерации. от 28. 10. 1995 г. №8. О состоянии работ по совершенствованию подготовки кадров по проблеме информационной безопасности [EB/OL]. [2022 -4 -6]. https://www. lawmix. ru/pprf/112498.

② Приказ Госкомвуза Российской Федерации от 09. 04. 1996 г. №613. Об учебно-методическом объединении по образованию в области информационной безопасности [EB/OL]. [2022 -4 -6]. https://www. lawmix. ru/expertlaw/159438.

③ Приказ Минобразования Российской Федерации от 02. 03. 2000 г. №686 “Об утверждении государственных образовательных стандартов высшего профессионального образования” [EB/OL]. [2022 -4 -6]. https://zakonbase. ru/content/base/39432.

会吸纳了俄罗斯联邦教育部相关机构负责人、俄罗斯联邦信息安全教育高校教学法联合会负责人、俄罗斯联邦安全局与俄罗斯联邦技术和出口监督局代表、信息安全教育（包括中等职业教育、高等职业教育及补充职业教育）机构代表及信息安全问题地区教学研究中心代表,① 是具体统筹落实国家网络空间安全人才培养政策的协调机构。2009 年，为了解决了网络空间安全专业高等教育发展与国家网络空间安全专业人才需求不相适应的矛盾，俄罗斯颁布了信息安全专业高等职业教育国家标准。② 这一标准体系不仅重新规范了网络空间安全专业教育的培养目标、教育大纲及质量评估等内容，同时对培养层次做了重大调整，即在保留培养原有网络空间安全专业“专家”③ 的同时，开始向国际通行的学士－硕士两级学制靠拢。该标准体系虽然仅规范了高等教育层次网络空间安全人才的培养，但基于高等教育在整个网络空间安全专业教育体系中的关键地位，对中等职业教育及补充教育层次的网络空间安全人才培养工作也相应进行了修改完善。随着网络空间安全专业高等职业教育国家标准在教育领域的贯彻实施，俄罗斯网络空间安全专业教育体系整体呈现新的面貌，逐步趋于成熟。

三、成熟完善阶段

在信息安全专业高等职业教育国家标准的影响下，经历了几年的调整、运行和适应后，俄罗斯网络空间安全专业教育体系日益完善，最明显的变化就是

---

① Приказ Минобразования Российской Федерации от 29. 04. 2003 г. №686. Об утверждении Положения о Координационном совете Минобразования России по проблемам подготовки специалистов в области защиты государственной тайны и информационной безопасности [EB/OL]. [2022 –4 –6]. http：//www. isedu. ru/documents. minobraz/1918. html.

② Приказ Министерства образования и науки Российской Федерации от 28. 10. 2009 г. №496. Об утверждении и введении в действиефедерального государственного образовательного стандарта высшего профессионального образования по направлению подготовки 090900 Информационная безопасность [EB/OL]. [2020 –4 –7]. https：//www. garant. ru/products/ipo/prime/doc/97499/.

③ 俄罗斯特有的高等教育文凭，学制一般 5—6 年，相当于我国本硕连读，可申请攻读副博士学位。

人才培养的层次、专业和方向逐渐成熟。2013 年 9 月和 10 月，俄罗斯联邦教育和科学部先后颁布中等职业教育和高等职业教育信息安全专业及方向目录，规定网络空间安全专业人才在完成中等职业教育后获得信息防护技术员或信息防护高级技术员职称，在完成高等职业教育后分别获得学士学位、硕士学位、“专家”资格①等。获得硕士学位或“专家”资格的网络空间安全专业人才可以继续申请攻读副博士学位。2014 年开始，俄罗斯每年都会举办“全俄信息安全领域人才培养现实问题研讨会”。参会人员主要有俄罗斯联邦信息安全教育高校教学法联合会代表、俄罗斯联邦安全局、俄罗斯联邦技术和出口监督局代表、信息安全领域教育（高等职业教育、中等职业教育及补充职业教育）机构代表、私营信息安全培训与进修机构代表等，重点依据国家网络空间安全人才培养政策讨论该年度网络空间安全人才培养的现实问题，以便对下一年度网络空间安全人才培养工作进行相应调整。② 2016 年底，俄罗斯颁布了新版《俄罗斯联邦信息安全学说》，明确指出信息安全保障人员欠缺的问题③，随后各相关教育管理机构和教学组织开始着力解决这一问题。2019 年 10 月，为进一步完善教学、培训机构体系，拓宽网络空间安全人才培养途径，俄罗斯联邦安全会议信息安全跨部门委员会建议俄罗斯联邦教育和科学部实施创建联邦区信息安全问题教学研究中心的计划。④ 截至 2022 年 12 月，俄罗斯 8 个联邦区的信息安全问题教学研究中心已全部建成。尽管近 10 年俄罗斯网络空间安全专业

---

① Приказ Министерства образования и науки Российской Федерации от 12. 09. 2013 г. №1061. Об утверждении перечней специальностей и направлений подготовки высшего образования. [EB/OL]. [2022 -4 -7]. https: //base. garant. ru/70480868/.

② VI Всероссийский семинар “Актуальные вопросы подготовки кадров в области информационной безопасности” [EB/OL]. [2022 -4 -8]. http: //site-fpmivt. ru/? p =103707.

③ Указ Президента Российской Федерации от 5. 12. 2016 г. №646. Об утверждении Доктрины информационной безопасности Российской Федерации [EB/OL]. [2022 -4 - 8]. http: //www. kremlin. ru/acts/bank/41460.

④ Совет безопасности Российской Федерации рекомендовал создать в стране учебно-научные центры по кибербезопасности [EB/OL]. [2022 -4 -8]. https: //tass. ru/nacionalnye-proekty/7057354.

教育体系发展迅速，但仍然面临许多问题，而其中最为突出的问题，正如俄罗斯联邦技术和出口监督局副局长 B. C. 留契科夫在 2020 年 1 月举行的第 22 届全国信息安全大会上所指出的那样，“信息安全人才数量不足，培养水平亟待提高”①，当然这也是俄罗斯网络空间安全专业教育体系未来须不断完善的方向。

第二节　俄罗斯网络空间安全专业教育体系的构建举措

一、完善法律法规政策，优化人才培养顶层规划

《俄罗斯联邦国家安全战略》和《俄罗斯联邦信息安全学说》作为网络空间安全专业教育的宏观指导文件，是其他具体法规政策的法理基础和政策依据。目前俄罗斯网络空间安全专业教育领域在顶层规划层面的法规政策主要有以下几份文件：

1. 俄罗斯联邦安全会议于 2015 年 7 月批准的《信息安全领域人才保障问题主要决定》。该文件的主要内容是：制定网络空间安全人才发展长期构想，确保网络空间安全人才培养与市场需求之间的平衡，创建俄罗斯联邦执行权力机关、教育教学机构及社会组织在网络空间安全人才培养领域的协调机制，稳定国家机关、国有机构和军工综合体机构中的信息安全防护人才队伍，在联邦区教育机构基础上创建信息安全问题教学研究中心体系等。②

2. 俄罗斯联邦政府于 2016 年 5 月颁布的《组织国家机关、地方政府、国有机构及军工综合体机构中信息防护人员及信息防护管理者进修》政府法令。该法令规定了组织信息防护人员及信息防护管理者进修的形式、期限及组织保

---

① 22 – й Большой Национальный форум информационной безопасности [EB/OL]. [2022 – 4 – 8]. https://infoforum.ru/main/17 – i-nacionalnyi-forym-informacionnoi-bezopasnosti.

② По вопросу “О кадровом обеспечении безопасности в информационной сфере” (принятые на оперативном совещании Совета Российской Федерации 23. 07. 2015 г.) [EB/OL]. [2022 – 4 – 9]. http://confib.ifmo.ru/images/application/53/presentation.pdf.

障、财政保障的具体内容，明确将这类进修列入《国家安全领域进修纲要》，尤其值得强调的是，法令明确禁止在组织教学的过程中使用电子教育技术和远程教育技术。①

3. 俄罗斯联邦军工委员会于 2017 年 3 月批准的《俄罗斯联邦信息安全领域人才保障发展长期构想》。该文件分析了俄罗斯网络空间安全人才的发展状况和问题，指明了网络空间安全人才的发展目标和方向，确定了发展网络空间安全人才的主要措施，明确了实施网络空间安全人才发展长期构想的机制、期限和预期结果。②

4. 俄罗斯联邦安全会议秘书于 2017 年 8 月批准的《俄罗斯联邦信息安全保障领域的主要科学研究方向》。该文件主要阐释了俄罗斯在信息安全保障领域存在的一系列问题，其中第 3 条指出人才保障方面的一系列问题，如：信息安全人力资源需求与供给矛盾的问题，不同层次网络空间安全专业教育发展的统筹问题，网络空间安全专业教育教学进程中的实践训练保障问题，以及网络空间安全人才培养的法律保障问题等。③

从这些法规政策颁布实施的过程可以看出，持续、稳定的法规政策是俄罗斯网络空间安全专业教育体系良性发展的前提；从这些法规政策的具体内容来

---

① Постановление Правительства Российской Федерации от 6. 05. 2016 г. №399. Об организации повышения квалификации специалистов по защите информации и должностных лиц, ответственных за организацию защиты информации в органах государственной власти, органах местного самоуправления, организациях с государственным участием и организациях оборонно-промышленного комплекса [EB/OL]. [2022 – 4 – 9]. https://www.garant.ru/products/ipo/prime/doc/71293508/.

② Концепция развития кадрового обеспечения в области информационной безопасности в Российской Федерации на долгосрочную перспективу（утверждена решением коллегии Военно-промышленной комиссии Российской Федерации от 9. 03. 2017 г. N ВПК – 6р）[EB/OL]. [2022 – 4 – 9]. https://kzi.su/files/files/materials2018/11_Belogurov.pdf.

③ Выписка из Основных направлений научных исследований в области обеспечения информационной безопасности Российской Федерации [EB/OL]. [2022 – 4 – 9]. http://www.scrf.gov.ru/security/information/document155/.

看，全面、及时且具有前瞻性的法规政策为俄罗斯网络空间安全人才培养和网络空间安全人才队伍建设构建了科学的顶层设计。

二、健全教育管理机构，强化教育教学组织保障

俄罗斯网络空间安全专业教育管理机构主要包括：俄罗斯联邦安全会议信息安全跨部门委员会、俄罗斯联邦教育和科学部保护国家机密与信息安全人才培养问题协调委员会、俄罗斯联邦信息安全教育高校教学法联合会、俄罗斯联邦技术和出口监督局等机构。各机构在网络空间安全人才教育领域的主要职责是：

1. 俄罗斯联邦安全会议信息安全跨部门委员会，负责分析和评估国家信息安全人发展状况，制定关于网络空间安全人才培养的国家政策，监督国家网络空间安全人才政策的实施状况，向俄罗斯联邦教育和科学部及相关国家权力机关提出实施国家网络空间安全人才政策的意见建议等。

2. 俄罗斯联邦教育和科学部保护国家机密与信息安全人才培养问题协调委员会。负责根据相关俄罗斯联邦执行权力机关的国家监管要求实施统一的网络空间安全人才培养国家政策，组织制定涉及中等、高等及补充职业教育层面网络空间安全专业教育教学机构活动的法规文件草案，确定涉及国家秘密信息的网络空间安全专业教育教学纲要及实施细则，在俄罗斯联邦安全会议及相关国家权力机关的委托下组织信息安全保障领域教学设备的研制等。①

3. 俄罗斯联邦信息安全教育高校教学法联合会，负责为俄罗斯联邦教育和科学部起草网络空间安全专业国家教育标准草案建议，参与网络空间安全专业国家教育标准的制定工作，起草网络空间安全专业优化建议，组织制定网络空间安全专业教学大纲草案，参与网络空间安全专业的职业进修与轮训项目，参

① Приказ Минобразования Российской Федерации от 29. 04. 2003 г. №1918. Об утверждении Положения о Координационном совете Минобразования России по проблемам подготовки специалистов в области защиты государственной тайны и информационной безопасности [EB/OL]. [2022 - 4 - 9]. http：//www. isedu. ru/documents. minobraz/1918. html.

与网络空间安全专业职业标准制定等。①

4. 俄罗斯联邦技术和出口监督局，负责参与实施网络空间安全人才培养国家政策，参与制定网络空间安全专业国家教育标准、网络空间安全专业国家职业资格标准，组织领导关键信息基础设施信息安全人员在信息技术防护和对抗技术侦察方面进行培训、进修和轮训，批准进行网络空间安全专业补充职业教育的机构、项目名单等。除了上述主要机构外，俄罗斯联邦科学和高等教育部（原俄罗斯联邦教育和科学部，于 2018 年调整更名）、俄罗斯联邦安全局、俄罗斯联邦军工委员会、俄罗斯联邦内务部、俄罗斯联邦劳动与社会保障部、俄罗斯联邦信息安全专业中等职业教育教学法联合会、俄罗斯联邦中央银行信息安全司等机构也都是网络空间安全专业教育管理的参与者，它们共同构成俄罗斯网络空间安全专业人才培养的教育管理体系。

三、构建教学组织体系，夯实教育教学资源基础

完善的网络空间安全专业教学组织体系是网络空间安全人才培养数量、质量的根本保证，俄罗斯为此构建起数量众多、层次丰富、体系完备、管理规范的网络空间安全专业教学组织体系。作为秉持终身职业教育理念的教育强国，俄罗斯在网络空间安全专业教育领域主要有中等职业教育、高等职业教育和补充职业教育三个层次，由此分别对应不同类型的教学组织和教学机构。

1. 网络空间安全专业中等职业教育教学机构。俄罗斯中等职业教育相当于中国大学专科层次职业教育，学制按入学起点不同一般为 2—5 年。俄罗斯网络空间安全专业中等职业教育教学机构大约有 70 所，其中的 30 所院校按照俄罗斯联邦科学和高等教育部的命令组建了俄罗斯联邦信息安全专业中等职业教

① Приказ Минобразования Российской Федерации от 19. 08. 2016 г. №1074. Положение о федеральном учебно-методическом объединении в системе высшего образования по укрупненным группам специальностей и направлений подготовки 10. 00. 00 Информационная безопасность [EB/OL]. [2022 - 4 - 9]. http://fgosvo. ru/uploadfiles/FUMO/100000/Polozenie_100000. pdf.

育教学法联合会。该联合会所属院校包括 29 所地方院校和 1 所军事院校，其中地方院校主要包括俄罗斯联邦安全局学院、俄罗斯联邦东北大学、西伯利亚电信与信息大学等，1 所军事院校为克拉斯诺达尔高等军事学校。①

2. 网络空间安全专业高等职业教育教学机构。俄罗斯高等职业教育按学制不同可分为 4 种人才培养类型：四年制毕业授予学士学位，五年制毕业授予“专家”资格，六年制毕业授予硕士学位，高等级干部（指副博士和博士，学制均为 3 年）。俄罗斯高校从事前三类网络空间安全人才培养的教学机构大约有 150 所，其中的 74 所院校按照联邦科学与高等教育部的命令组建了俄罗斯信息安全教育高校教学法联合会。该教学法联合会所属院校包括 71 所地方院校和 3 所军事院校，其中地方院校主要包括俄罗斯联邦安全局学院、俄罗斯联邦警卫局学院、俄罗斯联邦内务部沃罗涅日学院、莫斯科国立工程物理学院、莫斯科国立技术大学、圣彼得堡国立理工大学、俄罗斯联邦东北大学、西伯利亚电信与信息大学等，3 所军事院校为莫扎伊斯基军事航天学院、克拉斯诺达尔高等军事学校及茹可夫斯基和加加林空军学院。② 第 4 类网络空间安全人才的培养目标是高水平的研究型人才，因而一般由设有研究生部并且开设信息安全专业的大学或科研机构开展，目前俄罗斯大学中这样的院校共有 40 所。

3. 网络空间安全专业补充职业教育教学机构。俄罗斯补充职业教育的主要对象是在职人员和再就业人员，主要任务是提高专业技能和岗位培训。俄罗斯开展网络空间安全专业教育的补充职业教育教学机构主要有以下几类：一是由俄罗斯联邦技术和出口监督局批准的实施信息安全领域补充职业教育项目的教学机构。这类教学机构共有 162 所，其中既有国立高校也有非国立教育机构，

---

① Состав Федерального учебно-методического объединения в системе среднего профессионального образования по укрупненной группе профессий, специальностей 10.00.00 “Информационная безопасность” [EB/OL]. [2022 - 5 - 11]. http: //sec. isedu. ru/norma. prikaz. html.

② Список вузов входящих в состав УМО [EB/OL]. (2015 - 7 - 16) [2020 - 5 - 11]. http: //www. isedu. ru/sostav/vuzi. htm.

在非国立教育机构中既有营利性质的机构也有非营利性质的机构，它们被批准实施的信息安全领域补充职业教育项目数量各不相同，绝大多数补充职业教育项目不能涉及国家秘密。① 二是由俄罗斯联邦安全局批准的可以实施信息安全领域职业进修项目的教学机构。这类教学机构共有 32 所，其中也包括国立高校和非国立教育机构。相比俄罗斯联邦技术和出口监督局批准的教学机构，这 32 所教学机构主要承担的是特定部门、行业的岗位职业进修项目，一般教学时数在 500 小时以上，并且有明确的项目实施时间节点。如莫斯科国立工程物理学院就经常接受俄罗斯联邦中央银行的委托，开办金融、财政领域信息安全人员进修班。② 三是地区信息安全问题教学研究中心。地区信息安全问题教学研究中心目前共有 29 个，相比前 2 类机构，其除了承担本地区涉及国家秘密以及承担执法任务的网络空间安全人才的培训、进修等教学工作外，也承担相应科研工作，同时还组织本地区网络空间安全人才的考核、认证等。四是联邦区信息安全问题教学研究中心。这类教学机构是按照俄罗斯联邦科学和高等教育部的命令自 2019 年 10 月起相继组建的，按照俄罗斯联邦区的划分共有 8 个联邦区信息安全问题教学研究中心。此类教学机构是联邦区内网络空间安全专业高等职业教育和补充职业教育的最高领导机构，主要任务是协调联邦区内各层次网络空间安全专业教育机构的教学、科研工作，组织联邦区内网络空间安全专业教学师资力量的培训、进修，组织联邦区内信息安全领域各种进修班、研讨会，创建联邦区内包含各个等级网络空间安全人才的培训、进修和资格认证综合体系等。

除了以上 4 类教学机构外，为了检验网络空间安全人才培养质量、促进网

---

① Перечень организаций, осуществляющих образовательную деятельность, имеющих дополнительные профессиональные программы в области информационной безопасности, согласованные с Федеральной службой по техническому и экспортному контролю [EB/OL]. [2022-4-11]. https://fstec.ru/component/attachments/download/2.

② По следующим программам профессиональной переподготовки в области информационной безопасности продлен срок действия согласования с ФСБ России [EB/OL]. [2022-4-11]. http://www.isedu.ru/documents.dopprof/index.htm.

络空间安全专业教育进一步发展，俄罗斯还经常举办各种层次、不同区域的信息安全竞赛，以实现以赛代训，以训促赛的目的，其中最有影响力的就是俄罗斯信息安全竞赛暑期学校——“夺旗赛”暑期学校。该赛事及暑期学校主要面向俄罗斯高校网络空间安全专业在校生，由俄罗斯联邦信息安全主管协会主办，卡巴斯基实验室、IB 集团等商业机构协办，受俄罗斯联邦科学和高等教育部、俄罗斯联邦国防部、俄罗斯联邦科学院信息问题研究所及俄罗斯联邦信息安全教育高校教学法联合会等机构的指导，至 2022 年已连续举办七届。①

四、制定教育教学规范，严格人才培养质量标准

为了规范网络空间安全专业教育教学工作，保障网络空间安全人才培养质量，俄罗斯制定了一整套教育教学标准，主要包括以下几个层面的教育教学文件：

1. 信息安全学科专业目录。学科专业目录是按照学科结构和层次确定的，它是指导教学机构或教学组织开展人才培养的根本依据。俄罗斯网络空间安全专业目前已经形成层次分明、方向齐全的学科专业体系。在 2013 年俄罗斯联邦教育和科学部先后颁布的中等职业教育和高等职业教育信息安全专业及方向目录中，中等职业教育层次的信息安全专业下设 5 个方向：信息防护技术与组织、通信系统信息安全、自动化系统信息安全、通信系统信息安全保障和自动化系统信息安全保障。高等职业教育层次的信息安全专业中，学士与硕士层次不设培养方向，“专家”层次下设 6 个培养方向：计算机安全、通信系统信息安全、自动化系统信息安全、信息系统安全分析、执法领域信息技术安全、密码及反技术侦察。高等级干部职业教育层次不设培养方向。在所有层次的网络空间安全人才培养中，“专家”层次的各培养方向下都设有许多子方向。例如，通信系统信息安全方向下设 12 个子方向：通信系统监测、社交通信系统、特种通信网络、通信系统信息安全设备监测、国家机关特种通信与信息系统、航

① Летняя школа CTF-подготовка российских кадров в области защиты информации [EB/OL]. [2022-4-12]. https://mgou.ru/86754.

天通信系统信息安全、电信防护系统开发、移动数字通信防护系统、无线电和广播信息防护、通信与管理系统信息防护、多层交通通信网络与系统信息安全、交互信息通信系统安全。完整的学科专业群的构建，为俄罗斯网络空间安全人才培养指出明确的方向。

2. 信息安全专业国家教育标准。目前俄罗斯信息安全专业国家教育标准共有13个：5个信息防护技术员中等职业教育国家标准、5个信息安全专家高等职业教育国家标准、1个信息安全学士高等职业教育国家标准、1个信息安全硕士高等职业教育国家标准和1个信息安全高等级干部高等职业教育国家标准。① 这类文件一般由俄罗斯联邦科学和高等教育部保护国家机密与网络空间安全人才培养问题协调委员会或俄罗斯联邦信息安全专业中等职业教育教学法联合会拟制，经俄罗斯联邦科学和高等教育部批准颁布实施。其内容主要包括标准的适用范围、培养方向的特点、学士职业活动的特点、对基本教育大纲的规范性要求等。

3. 信息安全专业基本职业教育大纲。基本职业教育大纲一般由各个人才培养院校按照国家教育标准的要求，结合该校实际情况，区分不同层次和不同培养方向制订完成，其主要内容包括：该培养方向师资力量情况，职业活动的领域、目标和种类，实施该基本职业教育大纲所需的保障条件，课程体系模块的构成及学时划分等。以莫斯科国立技术大学“专家”层次信息安全专业自动化系统信息安全方向的信息系统安全分析子方向为例，其基本职业教育大纲规定，课程体系模块包括三部分：课程学习（包括基础课、专业课及选修课）占309学时，实践操作（包括科学研究工作）占39学时，国家认证考试占12学时，合计360学时。②

---

① Федеральные государственные образовательные стандарты [EB/OL]. [2022 - 4 - 12]. https：//fgos. ru/.

② Основная профессиональная образовательная программ МГТУ им. Н. Э. Баумана [EB/OL]. [2022 - 4 - 12]. https：//bmstu. ru/content/opop/spec/2019/10. 05. 03. pdf.

4. 现实教学类文件。这类文件一般由各人才培养院校教学单位按照国家教育标准及基本职业教育大纲的要求制订，主要包括培养计划、专业教学方案、课程设置方案、教学实施计划、专业实践方案、考核方案、毕业实习方案等。通过构建完善的网络空间安全专业教育教学规范体系，俄罗斯的网络空间安全人才培养质量获得可靠的保障。

五、丰富课程体系设置，聚焦人才培养目标方向

针对不同层次网络空间安全专业人才培养目标，俄罗斯相关中等职业教育院校和高等职业教育院校分别设置了不同的课程体系。如高等职业教育阶段的信息安全专业学士培养课程体系一般由基础课、专业基础课和专业选修课 3 大模块构成，每一模块包含不同的课程子模块。

以培养方向为信息技术防护与组织的学士课程体系为例，其基础课模块一般包含人文基础类课程（历史、哲学、通信基础等）、外语类课程（英语、德语等）、高等数学类课程（解析几何与线性代数、微分方程、概率论与数学统计、离散数学等）、物理学类课程（力学与分子物理学、原子物理与核物理、电磁学等）、信息技术类课程（信息学、计算机图形学等）、信息安全类课程（信息安全基础、信息论等）、信息通信系统类课程（通信系统与网络构建基础、网络与信息传输系统、标准化与认证等）、信息防护手段与方法类课程（信息技术防护、局域网信息安全、信息防护软硬件手段等）、电子与电路工程类课程（电子学、电气工程学、数字设备与微处理器等）、保密业务类课程（机密文件保护与处理、电子文件系统中的电子签名等）。其专业基础课模块一般包含信息与通信系统数学模拟基础类课程（数值方法与数学模拟、应用程序数字签名等）、信息系统类课程（信息进程理论、智能系统、计算机硬件等）、信息与通信系统软硬件保护类课程（网络防火墙、信息与通信系统软硬件加密等）、信息与通信系统设计类课程（受保护自动化系统设计、加密信息与通信系统设计等）。其专业选修课模块一般包括信息系统供电类课程、电磁波传播

类课程、企业信息安全类课程和信息安全管理类课程等。

第三节　俄罗斯网络空间安全专业教育体系的主要特点

一、把网络空间安全人才培养上升到国家安全层面考量

2016 年版《俄罗斯联邦信息安全学说》认为，网络空间安全人才保障是国家信息安全保障体系的重要组成部分。俄罗斯网络空间安全专业教育体系自形成以来，始终把网络空间安全专业人才培养放到国家安全层面的高度统筹推进，这主要体现在以下方面：

一是网络空间安全专业人才培养的顶层规划由俄罗斯联邦安全会议决定。俄罗斯联邦安全会议在其国家安全组织体系中是仅次于总统的领导机构。自 1995 年以来，俄罗斯联邦安全会议及其所属的信息安全跨部门委员会根据信息安全状况的评估，制定一系列关于网络空间安全人才专业培养的政策，积极推动各部门、各机构落实国家网络空间安全专业人才培养政策，始终把完善俄罗斯网络空间安全人才培养体系作为重要目标。

二是网络空间安全专业教育体系的构建过程始终伴随国家安全机关的参与。如俄罗斯联邦科学和高等教育部保护国家机密与网络空间安全专业人才培养问题协调委员会作为国家网络空间安全专业教育政策的主要起草者，其成员包含俄罗斯联邦安全局与俄罗斯联邦技术和出口监督局的代表；各联邦区及地区信息安全问题教学研究中心的建设要有俄罗斯联邦技术和出口监督局代表的参与；实施信息安全补充职业教育的机构、项目要由俄罗斯联邦安全局或俄罗斯联邦技术和出口监督局审批；2014 年开始举办“全俄信息安全领域人才培养现实问题研讨会”，每年都有俄罗斯联邦安全局和俄罗斯联邦技术和出口监督局代表参与；俄罗斯联邦信息安全教育高校教学法联合会和俄罗斯联邦信息安全专业中等职业教育教学法联合会的主席分别由俄罗斯联邦安全局学院密码、通信及信息技术学院的所长、副所长担任等。从以上例子可以看出，从政策制

定到教育管理，从学术研讨到教学实施，俄罗斯国家安全机关深度参与了俄罗斯网络空间安全专业体系的构建过程，凸显出网络空间安全专业人才培养中的国家安全因素，尤其是俄罗斯联邦技术和出口监督局隶属于国防部的军方身份更印证了这一点。

二、深入实践网络空间安全专业终身职业教育理念

实现终身职业教育是俄罗斯国家教育体制改革始终倡导的核心理念，俄罗斯网络空间安全专业教育体系更是适应国家信息化进程的逐步深化而积极践行这一理念。从各教育管理机构到各类教学组织机构，从用人单位到受教育者本身，都积极参与网络空间安全专业终身职业教育的实践发展。

俄罗斯网络空间安全专业人才按照培养类型大致可以划分为应用型人才和研究型人才，二者在网络空间安全专业终身职业教育进程中有不同的培养路径，但同时也有相互跨越的可能和必要。就应用型网络空间安全专业人才的终身职业教育路径来看，它的轨迹是：网络空间安全专业中等职业教育→网络空间安全专业高等职业教育→网络空间安全专业补充职业教育，该路径中实施教学的机构分别为职业技术学校、高等专科学校、高等院校、地区信息安全问题教学研究中心、联邦区信息安全问题教学研究中心等，所获的资格证书主要有信息防护技术员、信息防护专家、信息防护工程师、信息防护部门主管、综合信息防护独立部门主管等。就研究型网络空间安全专业人才的终身职业教育路径来看，它的轨迹是：完全基础教育→网络空间安全专业高等职业教育→研究生教育，该路径中实施教学的机构分别为中学（高中）、高等院校、高等院校或科学研究院的研究生部，所获的资格证书主要有高中毕业证、信息安全学士、信息安全硕士、副博士、博士。上述网络空间安全专业人才成长培养路径最主要的交汇点就是获得高等职业教育的信息安全“专家”资格，原因在于：在应用型网络空间安全专业人才成长路径中，想要获得职业终身发展的机会和可能，就必须获得这一基本资格；而在研究型网络空间安全专业人才成长路径

中，高等教育阶段选择获得信息安全“专家”同样可以申请攻读副博士学位，从而走上信息安全科学研究之路。

三、注重具有职业属性的信息安全“专家”的培养

“专家”的培养是俄罗斯高等职业教育的特色，它起源于苏联时期，在2003年俄罗斯决定加入博洛尼亚进程①后得到继承和发展。在俄罗斯网络空间安全专业教育体系中，“专家”的培养一直备受关注，究其原因，除了历史传承的因素外，最主要的因素是“专家”培养的鲜明职业属性，这主要体现在以下几个方面：

从专业方向来看，网络空间安全专业的学士、硕士以及高等级干部的培养都不区分培养方向，而信息安全专业“专家”在学科专业目录中的前5个培养方向之下都有子方向，合计共有37个子方向。这些子方向都明确指向信息安全职业活动的具体领域甚至岗位，体现出这一职业教育培养层次鲜明的特点。

从培养过程来看，相比学士、硕士以及高等级干部，信息安全专业的“专家”在基本职业教育大纲的课程体系各模块中都突出培养应用型人才的特点。而且，在专业实践方案的设计中，“专家”的专业实习的内容、形式、场所、时间及标准等都不同于其他学术型网络空间安全人才的培养，更侧重培养其实践能力以及对职业技术的掌握和巩固。

从毕业授予的文凭来看，学术型网络空间安全人才毕业后获得的是申请更高一级学位的资格，而应用型的信息安全“专家”在毕业后获得的文凭不仅是申请更高一级学位的资格，同时也是从事信息安全工作的职业认证资格。信息安全专业的“专家”毕业后获得的信息防护“专家”资格，可以根据自己的培养方向在俄罗斯联邦劳动与社会保障部颁布的职业标准中找到确定的任职岗位以及职业发展路径。

---

① 1999年29个欧洲国家在意大利博洛尼亚发起的欧洲高等教育改革计划，目的是推动欧洲高等教育一体化进程。

从人才培养数量来看，自 2011 年俄罗斯信息安全高等职业教育开始实行"专家"—副博士和学士—硕士—副博士双轨制培养模式以来，选择"专家"—副博士路径的学生数量相比双轨制之前不降反升。这反映了俄罗斯自 2010 年《国家信息社会发展纲要（2011—2020）》颁布实施以来，随着信息化建设的不断深入，网络安全风险不断增加，应用型网络空间安全专业人才倍受社会青睐。

第五章　俄罗斯网络空间安全国家标准体系

2016年8月，中央网络安全和信息化领导小组办公室等部门联合颁发的《关于加强国家网络安全标准化工作的若干意见》指出："网络安全标准化是网络安全保障体系建设的重要组成部分，在构建安全的网络空间、推动网络治理体系变革方面发挥着基础性、规范性、引领性作用。"① 为了切实巩固、加强国家网络空间安全保障建设的基础，各国在国际标准——"信息安全管理系统标准族"（ISO/IEC 27000 系列标准）的基础上，竞相完善国家网络空间安全标准化法规，健全网络空间安全标准化组织机构，制定并颁布网络空间安全国家标准，逐步建成各具特点、相对成熟的网络空间安全国家标准体系。如美国网络空间安全标准体系建设重视公私结合以及国际化推广，法国网络空间安全标准体系建设重视关键产业领域标准制定引领等。俄罗斯网络空间安全标准体系以信息保护、信息安全管理、信息通信系统安全、信息安全评估和通信安全等领域国家标准的研制、应用及推广为代表，发展至今已经形成相对完备的法律基

---

① 中央网络安全和信息化领导小组办公室，国家质量监督检验检疫总局，国家标准化管理委员会．关于加强国家网络安全标准化工作的若干意见（中网办发文〔2016〕5号）[EB/OL]．[2022-4-18]．http：//www.qstheory.cn/2019-09/10/c_1124981319.htm.

础、组织基础、制定流程和内容构成。研究俄罗斯网络空间安全国家标准体系及其特点，对于构建具有中国特色的网络空间安全标准体系具有重要借鉴意义。

第一节 俄罗斯网络空间安全国家标准体系的法律基础

俄罗斯网络空间安全国家标准体系在建设发展过程中，逐步形成包括联邦法、政府法令、部门法规和工作章程等在内的一整套网络空间安全标准化领域的法律规范。

一、联邦法

《俄罗斯联邦标准化法》（俄罗斯联邦总统2015年6月颁布）分为11章36条，包括总则、标准化领域的国家政策、标准化工作的参与者、标准化文件、标准化文件的制定应用以及标准化的信息、财政保障和违反标准化联邦法的责任等。① 该联邦法为俄罗斯网络空间安全的标准化、网络空间安全标准体系的运行以及国家网络空间安全标准化政策的制定奠定了坚实的法理基础。

二、政府法令

《2020年前俄罗斯联邦国家标准化体系发展构想》（俄罗斯联邦政府2012年9月颁布）共5个部分，包括引言，国家标准化体系的现状，国家标准化体系发展的战略目标、战略任务和基本原则，国家标准标准化体系的优先发展方向以及国家标准化体系发展构想的具体实施措施等内容。② 这一政府法令为俄

① Федеральный закон от 29. 06. 2015 г. №162 – ФЗ. О стандартизации в Российской Федерации [EB/OL]. [2022 – 4 – 18]. https://docs. cntd. ru/document/420284277.

② Концепция развития национальной системы стандартизации Российской Федерации на период до 2020 года [EB/OL]. [2022 – 4 – 18] https://docs. cntd. ru/document/902371448.

罗斯网络空间安全国家标准体系建设的主要目标、根本任务及具体实施指明了方向，是俄罗斯网络空间安全国家标准体系建设的政策指南。

三、部门法规

《“信息保护”标准化技术委员会业务活动》（俄罗斯联邦技术调节与计量署2017年6月颁布）主要由总则、“信息保护”标准化技术委员会条例、“信息保护”标准化技术委员会构成和“信息保护”标准化技术委员会会员名单4部分构成。其中引言部分规定了网络空间安全国家标准化工作的具体业务领域，明确了“信息保护”标准化技术委员会各主要职能机构的权责、任务。“信息保护”标准化技术委员会条例是该命令的重点，该条例明确了“信息保护”标准化技术委员会的目标、任务及业务领域，规定了“信息保护”标准化技术委员会各组成部分的职责、权利及活动规章。① 相比《俄罗斯联邦标准化法》和《2020年前俄罗斯联邦国家标准化体系发展构想》而言，《“信息保护”标准化技术委员会业务活动》可以说是俄罗斯网络空间安全国家标准体系建设的核心“业务手册”。

四、工作章程

工作章程主要包括《“信息保护”标准化技术委员会工作组章程》（“信息保护”标准化技术委员会主席2019年3月批准颁布）和《“信息保护”标准化技术委员会与“信息加密保护”标准化技术委员会第一联合工作组章程》（“信息保护”标准化技术委员会主席与“信息加密保护”标准化技术委员会主席2019年3月共同批准颁布）。《“信息保护”标准化技术委员会工作组章程》包括总则、工作组规章、工作组会议规章、工作组领导人权利与责任、工

① Об организации деятельности технического комитета по стандартизации Защита информации［EB/OL］.［2022－4－18］https：//docs. cntd. ru/document/456077721.

作组成员权利与责任5个部分。[①]《“信息保护”标准化技术委员会与“信息加密保护”标准化技术委员会第一联合工作组章程》包括总则、联合工作组工作规章、联合工作组会议规章、联合工作组共同领导人权利与责任、联合工作组成员权利与义务5个部分。[②] 这2个工作章程作为具体的组织活动要求，其内容充分体现出俄罗斯网络空间安全国家标准体系建设的规范性。

第二节　俄罗斯网络空间安全国家标准体系的组织基础

俄罗斯网络空间安全国家标准体系的组织建设起步较早，发展至今已形成包括俄罗斯联邦技术调节与计量署技术控制与标准化局、俄罗斯联邦技术和出口监督局、“信息保护”标准化技术委员会、“信息保护”标准化技术委员会分委员会、“信息保护”标准化技术委员会工作组以及“信息保护”标准化技术委员会会员单位等的层级式组织体系。

一、俄罗斯联邦技术调节与计量署技术控制与标准化局

俄罗斯联邦技术调节与计量署是联邦权力机构，在技术控制与计量以及标准化领域履行国家管理和公共服务职能，是俄罗斯联邦工业和贸易部下属机构。在俄罗斯联邦技术调节与计量署的中央机关中，具体履行网络空间安全领域标准化管理职责的是技术控制与标准化局，该局局长同时任俄罗斯联邦技术调节与计量署副署长。俄罗斯联邦技术调节与计量署技术控制与标准化局在网络空间安全国家标准组织体系中的主要职责是：领导协调网络空间安全领域国

---

① Порядок формирования и функционирования рабочих групп [EB/OL]. [2022 - 4 - 18]. https://fstec. ru/en/component/attachments/download/2291.

② Регламент работы совместной рабочей группы №1 технического комитета по стандартизации. Защита информации (ТК 362) и технического комитета по стандартизации "Криптографическая защита информации (ТК 26) [EB/OL]. [2022 - 4 - 20] https://fstec. ru/en/component/attachments/download/2624.

家标准体系、国际标准体系及国家间标准体系的工作，领导国家网络空间安全领域标准化工作，颁布国家网络空间安全领域标准化政策，组织协调相关联邦机关、国有企业、“信息保护”标准化技术委员会等机构对网络空间安全领域国家标准草案的拟制、鉴定和公布，颁布网络空间安全领域国家标准文件，领导相关科研部门及“信息保护”标准化技术委员会等机构开展网络空间安全领域标准化研究，批准创建、调整、撤销“信息保护”标准化技术委员会以及批准、撤销“信息保护”标准化技术委员会条例，发起、结束网络空间安全领域国家标准草案的公众讨论和意见征集，在俄罗斯境内组织实施网络空间安全领域国际标准、国家标准及国家间标准的推广及应用，根据俄罗斯联邦政府命令组织网络空间安全领域标准化建设人才的培训与进修等。①

二、俄罗斯联邦技术和出口监督局

俄罗斯联邦技术和出口监督局是联邦权力机构，在监督国家信息安全保障工作及对外经济活动等领域履行国家管理职能，是国防部下属机构。相比俄罗斯联邦技术调节与计量署技术控制与标准化局在网络空间安全国家标准组织体系中的领导、审批职责，俄罗斯联邦技术和出口监督局在网络空间安全国家标准组织体系中主要承担业务管理和组织实施等具体职责，包括：提出设立、调整、撤销“信息保护”标准化技术委员会的建议，提出“信息保护”标准化技术委员会主席、副主席及秘书长人选任命建议，审核“信息保护”标准化技术委员会的年度工作计划及年度工作总结，裁决网络空间安全国家标准草案在拟制、讨论和审核中的分歧等。

三、“信息保护”标准化技术委员会

在俄罗斯网络空间安全国家标准组织体系中，“信息保护”标准化技术委

① Об утверждении Положения об Управлении технического регулирования и стандартизации Федерального агентства по техническому регулированию и метрологии [EB/OL]. [2022 -4 -20]. https://docs.cntd.ru/document/564518484.

员会受俄罗斯联邦技术调节与计量署技术控制与标准化局的领导，是网络空间安全领域标准化工作的具体业务管理机构。该委员会设主席、副主席和秘书长各1名，主席由俄罗斯联邦技术和出口监督局副局长兼任，副主席由国家信息技术保护科学试验研究所科研处处长兼任，秘书长由国家信息技术保护科学试验研究所一局局长兼任，这些岗位的任命与免职均由俄罗斯联邦技术和出口监督局提出并由俄罗斯联邦技术调节与计量署批准。同时，该委员会还设有秘书处，秘书处具体职责由国家信息技术保护科学试验研究所承担。该委员会在网络空间安全国家标准组织体系中的主要职责是：制定并审核网络空间安全国家标准草案，拟制批准或否决网络空间安全国家标准草案的意见、建议，审查、修订以及撤销现行网络空间安全国家标准的建议，组织实施网络空间安全领域国际标准、国家标准及国家间标准的鉴定，推动网络空间安全领域国际标准、国家间标准在俄罗斯的应用，参与网络空间安全国家标准项目及网络空间安全标准化工作年度计划的拟制，与网络空间安全相关领域标准化技术委员会开展合作，代表俄罗斯参与国际网络空间安全标准化组织工作等。①

四、“信息保护”标准化技术委员会分委员会

“信息保护”标准化技术委员会为了提高网络空间安全标准化工作的实效性，按照网络空间安全标准化对象、活动领域等设立了4个分委员会：通用方法论分委员会（第一分委员会）、关键信息基础设施目标及信息化目标信息保护分委员会（第二分委员会）、信息保护手段与方法分委员会（第三分委员会）、安全软件开发分委员会（第四分委员会）。这些分委员会的负责人由“信息保护”标准化技术委员会主席任命，业务职责由俄罗斯国家网络安全科研机构履行。第一至第三分委员会依托的机构都是国家信息技术保护科学试验研究所，第四分委员会依托的机构是俄罗斯科学院系统编程研究所。这些分委

① Об организации деятельности технического комитета по стандартизации Защита информации [EB/OL]. [2022-4-20]. https://docs.cntd.ru/document/456077721.

员会的标准化工作业务领域主要包括：信息保护手段、信息系统与通信系统信息保护手段、信息保护研究工作、信息保护服务、信息保护手段研制、信息系统与通信系统信息保护手段研制等。“信息保护”标准化技术委员会分委员会在网络空间安全国家标准组织体系中的主要职责是：研究确定网络空间安全国家标准草案的起草主体，听取和讨论网络空间安全国家标准草案报告，审查拟向“信息保护”标准化技术委员会提交的网络空间安全国家标准草案，向“信息保护”标准化技术委员会提出设立或撤销“信息保护”标准化技术委员会工作组的意见建议，向“信息保护”标准化技术委员会主席提交“信息保护”标准化技术委员会工作组的构成、成员的意见建议，向“信息保护”标准化技术委员会提交年度工作计划及年度工作总结报告等。

五、“信息保护”标准化技术委员会工作组

“信息保护”标准化技术委员会工作组是“信息保护”标准化技术委员会为了完成某些特定标准化工作，根据“信息保护”标准化技术委员会分委员会的建议，独立或联合其他标准化技术委员会设立的工作组。目前，“信息保护”标准化技术委员会共下设7个独立工作组：第一工作组主要负责“信息保护 自动化系统安全运行 基本要求”国家标准草案的拟制；第二工作组主要负责“信息保护 安全事件登记 信息登记”国家标准草案和“信息保护 信息安全监测 基本要求”国家标准草案的拟制；第三工作组主要负责“信息保护 基本术语和定义”国家标准的重新修订；第四工作组主要参与ISO/IEC 27000系列标准制定工作，分析、研究ISO/IEC 27000系列标准族及推广应用ISO/IEC 27000系列标准等；第五工作组主要负责“信息保护 安全软件开发 基本要求”国家标准的重新修订；第六工作组主要负责“信息保护 安全软件开发 C/C++语言可信编译器 基本要求”国家标准的拟制。第七工作组主要负责“信息保护 安全软件开发 安全软件调用组件管理”国家标准的拟制。从工作机制来看，第一工作组业务上受“信息保护”标准化技术委员会第三分委员会领导，第

二、第四工作组业务上受“信息保护”标准化技术委员会第二分委员会领导，第三工作组受“信息保护”标准化技术委员会第一分委员会领导，第五、第六、第七工作组受“信息保护”标准化技术委员会第四分委员会领导。① 独立工作组的成员由“信息保护”标准化技术委员会会员单位构成，其创建程序一般由会员单位向“信息保护”标准化技术委员会秘书处提交申请报告，报告经秘书处审核后提交“信息保护”标准化技术委员会主席批准。独立工作组开展工作的方式主要是工作组会议，一般由工作组组长单位负责召集和主持。此外，“信息保护”标准化技术委员会还与“信息加密保护”标准化技术委员会在 2020 年 1 月合作设立了第一联合工作组，主要负责“信息保护 测评与认证 可信认证等级”国家标准的拟制。按照《“信息保护”标准化技术委员会与“信息加密保护”标准化技术委员会第一联合工作组章程》的规定，联合工作组设有 2 名联合组长，他们由两个技术委员会主席分别任命，负责共同召集和主持联合工作组会议，其会议决议一般按照简单多数原则执行。

六、“信息保护”标准化技术委员会会员单位

“信息保护”标准化技术委员会共有 104 家会员单位（截至 2022 年 7 月），其中常任会员单位 60 家，观察员会员单位 44 家。从会员单位名单的形成来看，一般由相关科研机构或商业公司提出申请，经“信息保护”标准化技术委员会秘书处审核，最终由俄罗斯联邦技术调节与计量署技术控制与标准化局批准颁布。在实际的网络空间安全标准化工作中，这一名单每年会根据具体工作情况作出调整。会员单位参与国家网络空间安全标准化工作，一般是通过经委托授权的全权代表参与“信息保护”标准化技术委员会会议、分委员会会议、工作组会议或“信息保护”标准化技术委员会秘书处召集的其他会议的形式实现。

---

① О создании рабочей группы, назначении руководителей и утверждении состав рабочей группы［EB/OL］.［2022 - 4 - 20］. https：//fstec. ru/en/326-tk-362/deyatelnost/resheniya-4/2069-reshenie-ot-24-marta-2020-g-n-85.

"信息保护"标准化技术委员会会员单位在网络空间安全国家标准组织体系中的主要职责是：参与制定国家网络空间安全标准化构想，参与网络空间安全标准草案制定，根据"信息保护"标准化技术委员会工作计划参与修订网络空间安全标准化文件，在规定时限内向"信息保护"标准化技术委员会秘书处提交对相关网络空间安全标准文件草案的意见建议，执行"信息保护"标准化技术委员会及委员会主席作出的决定等。"信息保护"标准化技术委员会观察员会员单位相比常任会员单位，在网络空间安全国家标准组织体系中享有的权利大体相当，仅在需要履行的义务上有所不同。

第三节　俄罗斯网络空间安全国家标准的制定流程

俄罗斯网络空间安全国家标准的制定流程涵盖了标准的研制、审核和颁布等过程，具体说来可以划分为提案、草案准备、草案审核、公开讨论、投票表决和批准发布6个阶段。

一、提案阶段

俄罗斯网络空间安全国家标准的制定流程开始于新的国家标准工作项目的提出。从俄罗斯网络空间安全标准化工作的实践来看，网络空间安全国家标准的工作项目主要来源于：

一是俄罗斯联邦技术调节与计量署的年度标准化工作计划和"信息保护"标准化技术委员会的年度工作计划，其中主要来自"信息保护"标准化技术委员会年度工作计划。"信息保护"标准化技术委员会年度工作计划是由履行委员会秘书处职责的国家信息技术保护科学试验研究所制定的，因此，年度工作计划中的网络安全国家标准工作项目的领域和范围在某种程度上也可以反映出国家网络安全标准化工作的重点。

二是"信息保护"标准化技术委员会代表会议决议和分委员会会议决议。

在网络空间安全标准化工作的实践过程中，一些没有被列入俄罗斯联邦技术调节与计量署年度标准化工作计划和“信息保护”标准化技术委员会年度工作计划的网络安全国家标准工作项目，由于工作实际需要，一般由“信息保护”标准化技术委员会代表会议和分委员会会议提出，并报“信息保护”标准化技术委员会秘书处审批。

三是“信息保护”标准化技术委员会常任会员单位。按照《“信息保护”标准化技术委员会业务活动》的规定，“信息保护”标准化技术委员会常任会员单位有权向“信息保护”标准化技术委员会秘书处提出制定网络安全国家标准及其他标准化文件的建议。在现实的网络空间安全标准化工作，“信息保护”标准化技术委员会常任会员单位所提的新国家标准工作项目一般与其单位工作内容和工作领域直接相关。

二、草案准备阶段

新的网络空间安全国家标准工作项目经“信息保护”标准化技术委员会秘书处审批后，网络空间安全国家标准的制定就进入国家标准草案的准备阶段。在这一阶段，网络空间安全国家标准草案的制定主要有两类主体：

一类是“信息保护”标准化技术委员会工作组。工作组承担的网络空间安全国家标准草案制定任务是由“信息保护”标准化技术委员会直接赋予的，其除了承担工作组创立时所担负的国家标准草案制定任务，还承担由委员会后期追加的国家标准草案制定任务。

另一类是“信息保护”标准化技术委员会常任会员单位。经“信息保护”标准化技术委员会秘书处审批同意网络空间安全国家标准工作项目后，“信息保护”标准化技术委员会分委员会将确定具体的网络空间安全国家标准草案起草单位，并报“信息保护”标准化技术委员会批准。根据实际的标准化工作需要及相应资质要求，网络空间安全国家标准草案可以由某常任会员单位单独起草，也可以由几个常任会员单位联合起草。从近 5 年网络空间安全国家标准草案起草实践来看，常任会员单位中的军方科研机构、政府科研机构和私营商业公司都可以单独起草网络空间安全国家标准草案，而联合起草的网络空间安全国家标准草案一般是由军方科研机构或者政府科研机构与私营商业公司共同完成。① 这一阶段完成的网络空间安全国家标准草案一般被称为第一版草案，“信息保护”标准化技术委员会秘书处会赋予其草案序列号。

三、草案审核阶段

无论网络空间安全国家标准草案的起草单位是“信息保护”标准化技术委员会工作组还是常任会员单位，当网络空间安全国家标准草案的第一版完成后，该草案将被提交到相应的“信息保护”标准化技术委员会分委员会审核。

第一步是内部征求意见，即由分委员会第一版网络空间安全国家标准草案分发到委员会内部会员单位中征求各会员单位对草案的意见建议，然后将征集的意见建议发给草案起草单位。

第二步是内部质询，即由分委员会组织相应会员单位举行分委员会代表会议，对网络空间安全国家标准草案内容进行讨论，主要是由草案起草单位就上一阶段各会员单位提出的意见建议作出相应说明。如果 2/3 以上会议代表对草案内容及起草单位相应说明无异议，则由草案起草单位向“信息保护”标准化技术委员会秘书处提交准备公开讨论的网络空间安全国家标准草案及相关文件。如果 2/3 以上会议代表对草案内容及起草单位相应说明有异议，则由草案起草单位继续完善草案内容并适时提请分委员会会议再次审核，程序上将重复上述步骤。

四、公开讨论阶段

“信息保护”标准化技术委员会秘书处收到网络空间安全国家标准草案起

---

① План работы технического комитета по стандартизации. Защита информации（ТК 362）[EB/OL].［2022－4－23］. https：//fstec. ru/tk－362/deyatelnost-tk362/306-plany.

草单位提交的网络空间安全国家标准草案及相关文件后，经审核将在规定的时间内提请“信息保护”标准化技术委员会主席决定是否对该工作版草案进行公开讨论。如果委员会主席决定对网络空间安全国家标准草案进行公开讨论，草案将由“信息保护”标准化技术委员会秘书处负责公布，一般面向“信息保护”标准化技术委员会全体会员单位，采取在俄罗斯联邦技术和出口监督局的国际互联网官方网站公布的方式。在这一过程中，“信息保护”标准化技术委员会秘书处需要收集所有会员单位对该草案的意见建议，并将这些意见建议分析整理后反馈给提交该草案的分委员会。分委员会根据这些意见建议进一步修订完善草案后，将重新修订的草案、前期征集的意见建议的解释说明以及是否需要就该草案组织投票表决的意见一并重新提交给“信息保护”标准化技术委员会秘书处，再由秘书处提交给委员会主席决定是否进行投票。

五、投票表决阶段

如果“信息保护”标准化技术委员会主席同意就重新修订后的网络空间安全国家标准草案进行投票，委员会秘书处将组织所有会员单位就重新修订后的草案是否提交到国家标准化管理机关俄罗斯联邦技术调节与计量署进行投票。投票一般采取通信投票的方式，而重新修订后的草案及相关文件仍将公布在俄罗斯联邦技术和出口监督局的官方网站上。投票结束后，委员会秘书处将投票结果、相应投票记录文件以及是否向俄罗斯联邦技术调节与计量署提交最终版网络空间安全国家标准草案的意见提交给委员会主席进行审批。如果“信息保护”标准化技术委员会的 2/3 以上会员单位同意向俄罗斯联邦技术调节与计量署提交重新修订后的草案，且委员会主席也批准了秘书处向俄罗斯联邦技术调节与计量署提交的建议，秘书处将委托相应的委员会分委员会制定最终版网络空间安全国家标准草案，网络空间安全国家标准的制定也将进入最后的批准发布阶段。

六、批准发布阶段

最终版的网络空间安全国家标准草案完成后，“信息保护”标准化技术委员会秘书处将把该国家标准草案以及与之配套的一系列标准化文件，提交给俄罗斯联邦技术调节与计量署技术控制与标准化局进行审核。同时，该国家标准草案的起草单位将配合技术控制与标准化局完成该国家标准草案的编辑、出版准备工作。当技术控制与标准化局完成该国家标准草案的编辑、出版准备及审核工作后，俄罗斯联邦技术调节与计量署将签署命令，正式批准发布该网络空间安全国家标准。

第四节　俄罗斯网络空间安全国家标准的内容构成

按照《2020 年前俄罗斯联邦国家标准化体系发展构想》的规定，俄罗斯使用的网络空间安全标准包括国际标准、独联体国家间标准、俄罗斯国家标准、行业标准以及企业标准等，而俄罗斯国家标准在其中居于核心主导地位。俄罗斯网络空间安全国家标准的编号规范为“ГОСТ Р XXXX – XXXX”或“ГОСТ Р ИСО/МЭК XXXX – XXXX”，其中“ГОСТ Р”为俄罗斯国家标准代号，“ГОСТ Р ИСО/МЭК”为对应 ISO/IEC 国际标准的俄罗斯国家标准代号，第一组“XXXX”为标准序号，第二组“XXXX”为标准颁布年份号。俄罗斯网络空间安全国家标准文件从内容格式来看，一般由引言、适用范围、规范性引用文件、术语与定义、代号与缩略语、基本要求、具体条款、附录及参考文献 9 部分构成。俄罗斯目前使用的网络空间安全国家标准主要涉及信息保护、信息安全管理、信息通信系统安全、信息安全评估和通信安全 5 个方面。

一、信息保护

俄罗斯发布的信息保护领域的网络空间安全国家标准包括 ГОСТ Р 50922 –

2006（信息保护 基本术语与定义）、ГОСТ Р 51275－2006（信息保护 信息化目标 影响信息的因素 基本要求）、ГОСТ Р 51583－2014（信息保护 安全运行的自动化系统的创建程序 基本要求）、ГОСТ Р 52447－2005（信息保护 信息保护技术 质量指标清单）和ГОСТ Р 52633－2006（信息保护 信息保护技术 可靠生物识别手段要求）等。

ГОСТ Р 50922－2006列举了信息保护领域标准化工作的基本术语，是信息保护领域国家标准化文件的基础。该国家标准在信息保护的概念下划分了8类术语，共49个基本术语。其中每一类术语都包括若干个具体的术语，如关于信息保护类型的术语包括信息法律保护、信息技术保护、信息加密保护和信息物理保护4个术语。

ГОСТ Р 51275－2006根据信息化目标在信息保护要求和信息安全威胁，规定了影响受保护信息的安全因素的分类和清单，并详细描述了具体的分类和清单构成。

ГОСТ Р 51583－2014根据自动化信息系统创建的法律法规及建设安装的安全要求，对自动化系统在创建、运行中的信息保护要求做了具体描述，并在附录部分以工作流程图的形式描述了在自动化系统创建运行的不同阶段实施的信息保护的安全要求指标。

ГОСТ Р 52447－2005规定了信息保护手段质量基本指标的清单和信息保护设备开发过程中安全性能的指标要求，其目的是为了避免出现受保护信息通过技术渠道泄漏及未经授权访问受保护信息等问题。

ГОСТ Р 52633－2006规定了用户生物特征信息处理程序和生物特征图像转换手段的基本要求，适用于使用高强度密码识别机制、使用40位以上密钥加密身份验证机制和高可靠性生物识别机制的信息保护手段。

二、信息安全管理

俄罗斯发布的信息安全管理领域的网络空间安全国家标准包括ГОСТ Р

ИСО/МЭК 18044－2007（信息技术 安全保障手段与方法 信息安全事件管理）、ГОСТ Р ИСО/МЭК 13335－1－2006（信息技术 安全保障手段与方法 第1部分：信息通信技术安全管理模型与框架）、ГОСТ Р ИСО/МЭК 17799－2005（信息技术 信息安全管理实践规则）和ГОСТ Р ИСО/МЭК 27000－2012（信息技术 安全保障手段与方法 信息安全管理体系 概述与术语）等。

ГОСТ Р ИСО/МЭК 18044－2007与国际标准ISO/IEC TR 18044：2004（信息技术 安全技术 信息安全事件管理）相对应，主要用于为各组织机构信息安全保障部门管理人员在运用信息技术、信息系统和网络服务时提供信息安全事件管理建议。该标准将信息安全事件管理划分为计划与准备、运用、分析和改善4个阶段，每个阶段又划分为若干个具体步骤，从而在整体上构成一个信息安全事件管理体系。

ГОСТ Р ИСО/МЭК 13335－1－2006与国际标准ISO/IEC 13335－1：2004（信息技术 安全技术 信息通信技术管理 第1部分：信息通信技术安全管理的概念和模型）相对应，主要用于为各组织机构信息安全保障部门管理人员提供信息通信技术安全管理指南。该标准从安全原则、资产、威胁、漏洞、影响、风险、防护措施、界限和安全组件关系9个方面描述了信息通信技术安全管理模型。

ГОСТ Р ИСО/МЭК 17799－2005与国际标准ISO/IEC 17799：2000（信息技术 信息安全管理实施规则）相对应，主要用于为各组织机构信息安全保障部门负责安全计划、安全运行和安全支撑的决策者提供信息安全管理建议，其目的是为制定安全标准和选择实际安全管理措施提供一个共同的框架。

ГОСТ Р ИСО/МЭК 27000－2012与国际标准ISO/IEC 27000：2009（信息技术 安全技术 信息安全管理体系 概况与词汇表）相对应，主要用于帮助各组织机构理解信息安全管理体系的基本原理、主要原则和概念。该标准作为ГОСТ Р ИСО/МЭК 27001系列标准的基础，明确了关于信息安全管理体系的46个术语，这为各组织机构理解信息安全管理体系提供了共同的认知基础。

三、信息通信系统安全

俄罗斯发布的信息通信系统安全领域的网络空间安全国家标准包括 ГОСТ Р ИСО/МЭК 27033 –1 –2011（信息技术 安全保障手段与方法 网络安全 第1部分：概述与概念）、ГОСТ Р 52448 –2005（信息保护 通信网络安全保障 总则）、ГОСТ Р 53110 –2008（公共通信网络信息安全保障体系 概述）、ГОСТ Р 56205 –2014（工业通信网络 系统和网络安全性 第1 –1 部分：术语、概念和模型）、ГОСТ Р 51583 –2014（信息保护手段 建立安全运行的自动化系统的程序概述）和 ГОСТ Р 56545 –2015（信息保护 信息系统漏洞 漏洞描述规则）等。

ГОСТ Р ИСО/МЭК 27033 –1 –2011 与国际标准 ISO/IEC 27033 –1：2009（信息技术 安全技术 网络安全概述和概念）相对应，是关于网络安全的 ГОСТ Р ИСО/МЭК 27033 系列标准的指南。该标准定义并描述了与网络安全有关的41 个术语，阐释了 ГОСТ Р ИСО/МЭК 27033 系列标准的内部结构关系，主要用于为拥有、管理和适用网络的人提供网络安全管理的建议。

ГОСТ Р 52448 –2005 描述了通信网络安全的术语、目标、任务和原则，构建了通信网络安全保障的模型。该标准适用于俄罗斯境内所有与通信网络创建、运营有关的机构、企业和其他经济实体，主要用于为这些机构或企业提供发展、完善通信网络安全保障组织、法律、经济和科技的建议。

ГОСТ Р 53110 –2008 明确了包括电信网络在内的公共通信网络的信息安全保障的法律、组织和技术方向，适用于俄罗斯境内所有被俄罗斯联邦通信管理部门授权的任何形式的通信服务机构、企业和其他经济实体，其目的是在公共通信网络中实施统一的信息安全保障政策。

ГОСТ Р 56205 –2014 对应国际标准 IEC/TS 62443 –1 –1：2009（工业通信网络 系统和网络安全 第1 –1 部分：术语、概念和模型），定义了关于工业通信网络安全的139 个基本术语，主要为工业自动化和控制系统的生产商、供应商、运营商、政府组织等提供统一的网络安全认知和政策。

ГОСТ Р 51583 – 2014 适用于按照法律规定或系统用户要求正在开发的自动化系统，主要规定了包括自动化工作站和信息系统等在内的自动化系统的创建和安全运行的程序和内容。

ГОСТ Р 56545 – 2015 主要对漏洞描述的要素和内容作出一般要求，适用于对已知漏洞、零日漏洞等进行描述，目的是促进信息系统漏洞分析工作对漏洞进行准确识别。

四、信息安全评估

俄罗斯发布的信息安全评估领域的网络空间安全国家标准包括 ГОСТ Р 58189 – 2018（信息保护 信息化目标评估机构要求）、ГОСТ Р ИСО/МЭК 15408 – 1 – 2012（信息技术 安全保障手段与方法 信息技术安全评价标准 第 1 部分：导言和一般模型）、ГОСТ Р ИСО/МЭК 18045 – 2013（信息技术 安全保障手段与方法 信息技术安全评估方法）、ГОСТ Р ИСО/МЭК 19791 – 2008（信息技术 安全保障手段与方法 自动化系统安全评估）和 ГОСТ Р ИСО/МЭК 9126 – 935（信息技术 软件产品评估 质量特性及使用指南）等。

ГОСТ Р 58189 – 2018 规定了对信息化目标评估机构的强制性要求，其目的是对准备开展信息安全评估业务的机构的申请、认证程序和内容做统一规范。该标准从认证程序与规则文件、场所设施、测评与试验设备、从业人员职业资格、获得授权的从业许可证书、评估对象类型与范围、组织编制文件 7 个方面对信息安全评估机构做了具体要求。

ГОСТ Р ИСО/МЭК 15408 – 1 – 2012 与国际标准 ISO/IEC 15408 – 1：2009（信息技术 安全技术 IT 安全的评价标准 第 1 部分：介绍和一般模型）相对应，是信息技术产品安全特性评估的基础。该标准明确了信息技术安全评估的基本概念和原则，确立了信息技术安全评估模型的总体结构和构成组件间的相互关系。

ГОСТ Р ИСО/МЭК 18045 –2013 与国际标准 ISO/IEC 18045 –2008（信息技术 安全技术 IT 安全评估方法）相对应，描述了评估机构在使用国际标准 ISO/IEC 18045 –2008 中定义的评估依据和评估标准进行信息安全评估时所应采取的最低标准的行动，并在此基础上将评估机构的评估活动在总体上划分为 4 个阶段：获得评估基础数据、开展评估活动、评估技术能力演示和形成评估结果。

ГОСТ Р ИСО/МЭК 19791 –2008 与国际标准 ISO/IEC 19791 –2010（信息技术 安全技术 操作系统安全评估）相对应，确定了自动化系统安全评估的标准和建议，扩大了国际标准 ISO/IEC 15408 的适用范围，包括自动化系统安全组件评估以及评估目标使用环境评估等单项评估。该标准明确了自动化系统的定义、模型以及自动化系统安全评估的过程、方法，拓展了自动化系统评估的安全评估范畴。

ГОСТ Р ИСО/МЭК 9126 –935 与国际标准 ISO/IEC 9126：1991（信息技术 软件产品评价 质量特性及使用指南）相对应，从功能、可靠性、可用性、效用、可维护性和可移植性 6 个方面描述了软件产品质量，并将其作为软件质量评估的基础。该标准确立了软件质量评估的基本模型，适用于软件整个生命周期的质量评估。

第五节　俄罗斯网络空间安全国家标准体系的主要特点

随着信息通信技术的广泛运用和全球信息通信网络的飞速发展，网络安全日益成为俄罗斯国家安全的重中之重。俄罗斯围绕网络空间安全国家标准的研制、应用及推广，逐步形成一个科学合理的网络空间安全国家标准体系，这为俄罗斯抵御网络空间安全威胁、防范网络空间安全事件以及实施网络空间安全策略提供了坚实的技术支撑和可靠的政策保障。俄罗斯网络空间安全国家标准体系发展至今，主要呈现出以下几个特点。

一、网络空间安全标准化组织体系相对成熟完善

俄罗斯网络空间安全标准化组织体系是随着网络空间安全国家标准的不断丰富完善而发展起来的，呈现相对成熟完善的特点。这主要表现在以下三个方面：

一是层级式的组织架构权责明晰。在俄罗斯网络空间安全标准化组织体系中，不同的机构担负着不同的具体职责。如俄罗斯联邦技术调节与计量署技术控制与标准化局负责行政领导与监督，俄罗斯联邦技术和出口监督局负责业务领导与审核，“信息保护”标准化技术委员会负责业务管理，“信息保护”标准化技术委员会秘书处负责组织具体业务运行，各“信息保护”标准化技术委员会分委员会及工作组负责具体业务实施等。

二是工作机制成熟稳定。这主要表现在两个方面：一方面，俄罗斯网络空间安全标准化组织以《“信息保护”标准化技术委员会业务活动》《“信息保护”标准化技术委员会工作组章程》等相关业务活动法规为依据，依法开展网络空间安全标准化工作；另一方面，在网络空间安全标准化工作实践中，逐渐形成以“‘信息保护’标准化技术委员会年度工作计划”和“‘信息保护’标准化技术委员会年度工作总结”为核心的，对网络空间安全标准化工作进行循环往复式的部署、实施、督查的工作流程，促进网络空间安全标准化工作有序、良性发展。

三是根据工作实际适时调整网络空间安全标准化组织体系。这主要表现在：一方面，根据网络空间安全标准化工作实践需要，在网络空间安全标准化组织体系内适时组建新的网络空间安全标准化组织机构；另一方面，根据网络空间安全标准化工作实际表现，适时对网络空间安全标准化组织体系进行调整优化。例如，“‘信息保护’标准化技术委员会年度工作总结”和“‘信息保护’标准化技术委员会分委员会年度工作总结”等文件，都会对该年度未能参加网络空间安全标准化工作以及未能按时完成网络空间安全标准化工作任务等

的标准化组织或机构作出除名处理，并同时吸纳相应领域的其他申请成为会员单位的组织或机构。

二、军方在网络空间安全标准化工作中主导作用突出

俄罗斯网络空间安全标准化工作与其他国家网络空间安全标准化工作相比，最为突出的特点是军方在整个网络空间安全标准化工作实践中居于主导作用，这主要表现在以下方面：

一是军方参与领导网络空间安全标准化组织体系。在俄罗斯网络空间安全标准化组织体系中，尽管俄罗斯联邦技术调节与计量署技术控制与标准化局居于行政领导与监督的地位，但对网络空间安全标准化工作实施业务领导与审核的是俄罗斯联邦技术和出口监督局，这也就意味着真正对网络空间安全标准化工作发展起决定性作用的是俄罗斯联邦技术和出口监督局。该局自组建之日起就是俄罗斯联邦国防部的下属机构，在业务上受俄罗斯联邦国防部领导。此外，履行“信息保护”标准化技术委员会秘书处职责的国家信息技术保护科学试验研究所作为俄罗斯联邦技术和出口监督局的下属机构，业务上同样受俄罗斯联邦国防部领导。

二是军方科研机构在“信息保护”标准化技术委员会常任会员单位中占比较大。“信息保护”标准化技术委员会会员单位分为常任会员单位和观察员会员单位，常任会员单位拥有完全会员权利，这就导致由它们组成的“信息保护”标准化技术委员会会员单位代表大会在网络空间安全标准化工作中有着举足轻重的作用。据统计，常任会员单位主要由军方科研机构、政府科研机构和私营商业公司构成，在 60 个会员单位中，军方科研机构占比达到近 1/5，除了国家信息技术保护科学试验研究所外，还包括俄罗斯联邦国防部总科学计量中心、第三中央科学试验研究所、第十六中央科学试验研究所、第二十七中央科学试验研究所、空天防御部队中央科学试验研究所、总参谋部第八局和俄罗斯联邦安全局 43753 部队等机构与组织。

三是军方科研机构在网络空间安全国家标准制定中参与度较高。从网络空间安全国家标准制定流程来看，无论是在提案阶段、草案准备阶段、草案审核阶段还是公开讨论阶段和投票表决阶段，军方科研机构都发挥了重要作用。在许多网络空间安全国家标准草案的准备阶段，都会出现军方科研机构单独起草或军方科研机构联合政府科研机构或私营商业公司共同起草的情况。

三、网络空间安全标准化工作的国际化趋势明显

网络空间安全国家标准的国际化，既是各国网络空间安全竞争的焦点，也是各国巩固网络空间安全技术优势、争夺网络空间安全技术发展主动权的斗争舞台。俄罗斯网络空间安全标准化工作的国际化趋势主要体现在以下方面：

一是组建参与网络空间安全国际标准化工作的组织。2018 年，为了进一步细化网络空间安全国际标准化工作分工，“信息保护”标准化技术委员会在内部组建了 ISO/IEC 27000 系列标准工作组（第四工作组），具体负责参与网络空间安全国际标准化工作。

二是扩大网络空间安全国际标准的国内适用范围。在俄罗斯网络空间安全国家标准中，有相当数量的国家标准的编号格式为“ГОСТ Р ИСО/МЭК XXXX－XXXX”，这些国家标准同时也是网络空间安全国际标准在俄罗斯国内的适用。在这类网络空间安全国家标准文本的引言中，都会明确该国家标准与哪一个具体的网络空间安全国际标准相同。如 ГОСТ Р ИСО/МЭК 27001－2006（信息技术 安全保障手段与方法 信息安全管理体系 要求）在引言中指出，本国家标准与国际标准 ISO/IEC 27001：2005（信息技术 安全技术 信息安全管理体系 要求）相同。目前，在俄罗斯网络空间安全国家标准中适用的网络空间安全国际标准主要包括 ISO/IEC 27000、ISO/IEC 15408、ISO/IEC 13335、ISO/IEC19794 等系列标准中的部分标准，并且这类标准的数量还在继续扩大。

三是参与网络空间安全国际标准的制定。参与编制网络空间安全国际标

准，不仅可以引领网络空间安全技术的发展趋势，同时也可以扩大本国网络空间安全技术、产品和服务的市场。在当前全球人工智能竞争激烈的背景下，俄罗斯在2020年颁布的《2021—2024年人工智能优先方向标准化纲要》中明确提出，要积极参与、主导人工智能安全领域国际标准的研制。①

四、注重保持网络空间安全国家标准的先进性

网络空间安全标准与网络空间安全发展是相生相伴的，为了保障网络空间安全，必须保持网络空间国家标准的与时俱进。为了确保网络空间安全国家标准的先进性，俄罗斯主要采取两个方面的措施：

一是根据国家网络空间安全发展实际，研制新的国家标准。面临国家关键信息基础设施遭受网络攻击的威胁不断加剧的现实，自2017年7月《俄罗斯联邦关键信息基础设施安全法》颁布以来，俄罗斯不断加快国家计算机攻击监测、预警和后果消除体系建设，同时也开始着手研制相应的国家标准。2018年6月，受“信息保护”标准化技术委员会委托，俄罗斯联邦安全局43753部队和信息安全企业“信息安全中心”开始共同起草“信息保护 计算机攻击监测、预警与后果消除和计算机事件响应 术语与定义”国家标准草案。经过草案的准备和审核阶段后，俄罗斯联邦技术和出口监督局官方网站于2020年8月公布了该草案的具体内容。到2020年10月，该国家标准完成草案的公示，进入草案的公开讨论阶段。2022年11月，该草案更名为《信息保护计算机事件管理术语与定义》后正式颁布实施。

二是为保持网络空间安全国家标准的先进性，及时修订更新现有国家标准。网络空间安全国家标准在保障国家网络空间安全中发挥着基础性作用，它的及时更新和维护是抵御网络空间安全威胁，应对网络空间安全变化的重

---

① Перспективная программа стандартизации по приоритетному направлению искусственный интеллект на период 2021－2024 годы［EB/OL］.［2022－4－23］. https：//www. economy. gov. ru/material/file/28a4b183b4aee34051e85ddb3da87625/20201222. pdf.

要保障。仅在2020年，“信息保护”标准化技术委员会就批准了对ГОСТ Р 51624－2000（信息保护 自动化系统安全运行 一般要求）、ГОСТ Р 50922－2006（信息保护 基本术语与定义）、ГОСТ Р 56939－2016（信息保护 安全软件研制 一般要求）等已有网络空间安全国家标准的修订。

第六章　俄罗斯国家计算机攻击监测、预警和后果消除体系

随着国家关键信息基础设施遭受网络攻击事件频繁发生，关键信息基础设施安全对国家安全的影响越来越大，保护关键信息基础设施安全逐渐成为各国国家安全战略的重要内容乃至核心内容。德国于 2015 年 7 月颁布《信息技术安全法》，构建了关键信息基础设施网络安全的政府保护和协作框架。美国于 2018 年 11 月颁布《2018 年网络安全和基础设施安全局法案》，将关键信息基础设施的网络安全管理提升到联邦政府层面，从国家管理体制上凸显关键信息基础设施安全的重要地位。同月，英国上下议院联合委员会发布了《英国关键国家基础设施的网络空间安全》报告，强调要全面发展国家关键信息基础设施网络安全能力。俄罗斯也于 2017 年 7 月颁布《俄罗斯联邦关键信息基础设施安全法》，明确了关键信息基础设施安全保障的一系列问题。相比其他各国，俄罗斯在关键信息基础设施安全领域不仅采取了诸如立法保障、构建管理体制等措施，还着手建设了旨在保护关键信息基础设施防御网络攻击的联邦政府层面的国家计算机攻击监测、预警和后果消除体系。

第一节　俄罗斯国家计算机攻击监测、预警和后果消除体系的发展历程

俄罗斯从国家层面构建关键信息基础设施安全保障体系以防御网络攻击的过程，与其关键基础设施信息化、网络化程度不断提高和其对关键信息基础设施概念理解的不断深化直接相关。从发展历程来看，俄罗斯国家计算机攻击监测、预警和后果清除体系主要经历了萌芽探索、构想初创和快速发展 3 个阶段。

一、萌芽探索阶段

俄罗斯在 2000 年 1 月颁布的《俄罗斯联邦国家安全构想》中就提出“完善和保护国家信息基础设施”[①] 的目标，但并未对信息基础设施这一概念做具体阐释。同年 10 月颁布的《俄罗斯联邦信息安全学说》作为俄罗斯国家安全战略在信息安全领域的具体化，在阐述保障国家信息基础设施安全时，明确指出具体目标是“保障国家权力机关、联邦主体权力机关、金融和银行领域、经济活动领域的基本通信网络和信息系统安全，武器和军事技术装备的信息系统和器材安全，以及具有生态危险和重要经济意义的生产部门的控制系统的安全”，“建立防止非法访问正在处理的信息和可能导致破坏、销毁信息系统的恶意访问行为的系统”。[②] 虽然俄罗斯在 21 世纪初就有了建立国家层面保护关键信息基础设施安全体系的设想，但囿于当时俄罗斯的关键基础设

---

① Указ Президента Российской Федерации от 10. 01. 2000 г. №24. О Концепции национальной безопасности Российской Федерации [EB/OL]. [2022 – 5 – 3]. https://zakonbase. ru/content/base/35216.

② Доктрина информационной безопасности Российской Федерации (Утв. Президентом Российской Федерации от 9. 09. 2000 г. №1895) [EB/OL]. [2022 – 5 – 3]. https://base. garant. ru/182535/.

施的信息化水平还比较低，针对关键基础设施的网络攻击还比较少，这一时期既没有提出关键信息基础设施概念，也没有在政策层面构建这一设想。

2006 年 7 月，针对国家关键基础设施信息化程度越来越高和网络连接越来越普遍的状况，俄罗斯出台了《俄罗斯联邦关于信息、信息技术和信息保护法》，从立法层面明确了关键信息基础设施安全的责任主体：俄罗斯联邦安全机关全权负责国家关键基础设施在创建和使用过程中的信息技术保护的方法和技术要求。[①] 此后，随着《俄罗斯联邦信息社会发展战略》和《俄罗斯联邦信息社会发展国家纲要（2011—2020）》的贯彻实施，关键信息基础设施在国民经济和社会发展中发挥着愈发重要的作用，而面临的安全威胁也越来越大，从国家层面解决确保关键信息基础设施安全的问题已经迫在眉睫。在 2009 年 5 月颁布的《2020 年前俄罗斯联邦国家安全战略》中，把"针对俄罗斯关键信息基础设施安全的破坏活动"[②] 列为国家和社会安全面临的主要威胁之一，这也是俄罗斯官方首次在战略规划性文件中使用关键信息基础设施这一概念。

二、构想初创阶段

2012 年 2 月，俄罗斯颁布了《俄罗斯联邦关键基础设施重要目标生产和工艺过程自动化管理系统安全保障领域国家政策》总统令。该文件定义了关键信息基础设施，它是关键基础设施重要目标自动化管理系统和确保它们相互作用的信息通信网络的总和，这些网络旨在解决国家管理、国防力量巩固、安全和法制任务，其功能的中断（终止）可能导致严重后果。同时，该文件也首次提出要建设国家计算机攻击关键信息基础设施监测和

---

① Федеральный закон от 27.07.2006 г. №149 – ФЗ. Об информации, информационных технологиях и о защите информации [EB/OL]. [2022 – 5 – 3]. https://rg.ru/2006/07/29/informacia – dok.html.

② Указ Президента Российской Федерации от 31.12.2015 №683. О Стратегии национальной безопасности Российской Федерации [EB/OL]. [2022 – 5 – 3]. http://www.kremlin.ru/supplement/424.

预警体系，① 这一构想可以说是建设国家计算机攻击监测、预警和后果消除体系的萌芽。此后，俄罗斯开始从组织管理、立法规范、顶层设计、实施步骤和试点建设等多方面探索国家计算机攻击监测、预警和后果消除体系的建设。

在组织管理方面，俄罗斯联邦总统普京于2013年1月签署命令，赋予俄罗斯联邦安全局在建设国家计算机攻击监测、预警和后果消除体系中的权利职责，而国家计算机攻击监测、预警和后果消除体系术语也被官方在该文件中首次使用。②

在立法规范方面，针对关键信息基础设施安全保障缺乏专门法律法规有效监管的情况，为加快该领域立法流程，俄罗斯联邦安全局制定了两项法律草案，但具体内容并未向社会公布：一项是关于关键信息基础设施安全的法案，另一项是关于破坏关键信息基础设施安全应承担的行政、民事和刑事责任的法案。③

在顶层设计方面，俄罗斯联邦总统普京于2014年12月批准了《国家计算机攻击俄罗斯联邦信息资源监测、预警和后果消除体系构想》总统令，该总统令规定了国家计算机攻击监测、预警和后果消除体系的任务、职责、组成以及创建该体系的人员、技术和法律法规保障等。④

---

① Основные направления государственной политики в области обеспечения безопасности автоматизированных систем управления производственными и технологическими процессами критически важных объектов инфраструктуры Российской Федерации（Утв. Президентом Российской Федерации от 3.02.2012 г. №803）[EB/OL].［2022－5－3］. http：//www. scrf. gov. ru/security/information/document113/.

② Указ Президента Российской Федерации от 15.01.2013 г. №31с. О создании государственной системы обнаружения，предупреждения и ликвидации последствий компьютерных атак на информационные ресурсы Российской Федерации [EB/OL].［2022－5－6］. http：//www. kremlin. ru/acts/bank/36691.

③ ФСБ России подготовлены законопроекты о защите информационных ресурсов РФ от компьютерных атак [EB/OL].［2022－5－6］. https：//www. garant. ru/news/488680/.

④ Выписка из Концепции государственной системы обнаружения，предупреждения и ликвидации последствий компьютерных атак на информационные ресурсы Российской Федерации"（утв. Президентом Российской Федерации от 12.12.2014 г. №К1274）[EB/OL].［2022－5－6］. https：//legalacts. ru/doc/vypiska－iz－kontseptsii－gosudarstvennoi－sistemy－obnaruzhenija－reduprezhdenija/.

在实施步骤方面，俄罗斯联邦总统普京于2015年8月批准了国家计算机攻击监测、预警和后果消除体系的阶段性建设计划：《国家计算机攻击俄罗斯联邦信息资源监测、预警和后果消除体系部门中心部署方案》总统令，① 这意味着该体系建设开始在俄罗斯全面启动。

在试点建设方面，针对国家计算机攻击监测、预警和后果消除体系建设涉及范围广、流程复杂等情况，俄罗斯联邦数字发展、通信和大众传媒部作为联邦政府层面的国家机关，在《俄罗斯联邦关键信息基础设施安全法》草案还处于讨论和修订的阶段，就提出建设自己的国家计算机攻击监测、预警和后果消除体系部门中心计划。该部迈出的第一步就是以招投标的形式将研究建设国家计算机攻击监测、预警和后果消除体系部门中心的技术标准方案交给了拥有俄罗斯联邦安全局、俄罗斯联邦国防部等机构相关资格认证的“积极科技”（Positive Technologies）公司。②

三、快速发展阶段

2017年7月，俄罗斯颁布了历经3年修订完善的《俄罗斯联邦关键信息基础设施安全法》。该法案规定了关键信息基础设施安全保障的概念、范围、原则、目标、方法和关键信息基础设施主体的权利、义务等内容，尤其是第5条专门规定了国家计算机攻击监测、预警和后果消除体系的主体、力量、手段、建设目标和要求等，从而在联邦法的层面为国家计算机攻击监测、预警和后果消除体系建设提供了法律基础，这标志着国家计算机攻击监测、预警和后果消除体系建设进入快速发展阶段。③ 这具体体现在以下几个方面：

---

① План развертывания ведомственных сегментов государственной системы обнаружения, предупреждения и ликвидации последствий компьютерных атак（утв. Президентом Российской Федерации от 21. 08. 2015 г. №9397.

② Минэкономразвития создает систему защиты от хакеров ГосСОПКА [EB/OL]. [2022 - 5 - 9]. https：//iz. ru/news/597713.

③ Федеральный закон от 26. 07. 2017 г. №187. О безопасности критической информационной инфраструктуры Российской Федерации [EB/OL]. [2022 - 5 - 9]. https：//base. garant. ru/71730198/.

一是完善立法建设。《俄罗斯联邦关键信息基础设施安全法》颁布实施后，此前颁布的一些关于国家计算机攻击监测、预警和后果消除体系建设法规凡与该法不相符的地方很快被重新修订：2014 年颁布的《国家计算机攻击俄罗斯联邦信息资源监测、预警和后果消除体系构想》在 2017 年 12 月被以总统令的形式补充完善，该法令文本中明确指出本次完善修订的依据是《俄罗斯联邦关键信息基础设施安全法》第 6 条。①

二是加强组织协调。国家计算机攻击监测、预警和后果消除体系建设不仅涉及联邦政府机关、联邦主体政府机关，还涉及大量的关键信息基础设施机构及通信运营商等部门机构。为了协调总体建设进程，加快国家计算机攻击监测、预警和后果消除体系能力生成，2018 年 9 月，俄罗斯联邦安全局设立了国家计算机事件协调中心作为国家计算机攻击监测、预警和后果消除体系的总中心，该中心主任由俄罗斯联邦安全局信息保护和特种通信中心主任、科学技术处副处长担任。②

三是密切政企协作。很多联邦政府机关、联邦主体政府机关和关键信息基础设施机构缺乏独立建设网络安全保护部门的经验和技术人员，而单独依靠俄罗斯联邦安全局及各地方安全局的力量难以完成总体建设，因而俄罗斯联邦安全局把外包作为建设国家计算机攻击监测、预警和后果消除体系部门中心和企业中心的重要方式。为了让私营信息安全企业加入整体建设，俄罗斯联邦安全局与俄罗斯联邦技术和出口监督局在从业资格审查、工作流程监管等方面做了很多工作，引入很多优秀的私营信息安全公司。2020 年 3 月，国家计算机事件协调中心与“安全代码”公司签署了合作协议，赋予该公司为关键信息基础设

---

① Указ Президента Российской Федерации от 22. 12. 2017 г. №620. О совершенствовании государственной системы обнаружения, предупреждения и ликвидации последствий компьютерных атак на информационные ресурсы Российской Федерации [EB/OL]. [2022 -5 -9]. http://www.kremlin.ru/acts/bank/42623.

② В России создан Национальный координационный центр по компьютерным инцидентам (НКЦКИ) [EB/OL]. [2022 -5 -9]. https://habr.com/en/post/422821/.

施机构建设企业中心的功能。①

四是明确标准方法。国家计算机攻击监测、预警和后果消除体系在技术等层面存在连接信息产品设备多、涉及网络系统性能参数各异等一系列问题，因而标准化建设成为国家计算机攻击监测、预警和后果消除体系建设成功与否的重要前提。为此，作为整个体系建设的主要负责机构，俄罗斯联邦安全局与俄罗斯联邦技术和出口监督局制定了一系列法规文件，以加强该体系建设的标准化。如 2018 年 7 月俄罗斯联邦安全局发布的《向国家计算机攻击监测、预警和后果消除体系提供信息清单和程序》命令，明确了向国家计算机攻击监测、预警和后果消除体系中心提供信息的范围、类型、格式标准等要求，以及信息提供的时限、方式、程序等，② 从而加快了国家计算机攻击监测、预警和后果消除体系建设、运行的标准化和信息安全保障能力的快速生成。

第二节　俄罗斯国家计算机攻击监测、预警和后果消除体系的任务、职能、构成和运行机制

一、主要任务

无论是在 2013 年 1 月颁布的《创建国家计算机攻击俄罗斯联邦信息资源监测、预警和后果消除体系》总统令里，还是在 2014 年 12 月总统批准的《国家计算机攻击俄罗斯联邦信息资源监测、预警和后果消除体系构想》总统令和

---

① Код Безопасности запускает Центр мониторинга и реагирования [EB/OL]. [2022 – 5 – 11]. https://www.anti – malware.ru/news/2020 – 03 – 05 – 1447/32145.

② Приказ ФСБ России от 24.07.2018 г. №367. Об утверждении Перечня информации, представляемой в государственную систему обнаружения, предупреждения и ликвидации последствий компьютерных атак на информационные ресурсы Российской Федерации и Порядка представления информации в государственную систему обнаружения, предупреждения и ликвидации последствий компьютерных атак на информационные ресурсы Российской Федерации [EB/OL]. [2022 – 5 – 11]. https://www.garant.ru/products/ipo/prime/doc/71941504/.

2017年12月颁布的《完善国家计算机攻击俄罗斯联邦信息资源监测、预警和后果消除体系》总统令里，国家计算机攻击监测、预警和后果消除体系总的任务的表述始终如一，那就是“保护俄罗斯信息资源安全”。这一表述包含两层含义：一是国家计算机攻击监测、预警和后果消除体系的建立是为了保护俄罗斯信息资源；二是衡量国家计算机攻击监测、预警和后果消除体系工作的标准是俄罗斯信息资源安全。俄罗斯信息资源的定义在《俄罗斯联邦关键信息基础设施安全法》中有明确阐释：俄罗斯信息资源是指俄罗斯境内和驻外使团、使领馆的信息系统、信息通信网络和自动化控制系统。为了进一步明确关键信息基础设施安全保障的权利、义务的范围，该法也明确指出以下13个领域的信息资源属于关键信息基础设施，即医疗卫生、科学、运输、通信、能源、银行与金融、燃料动力、原子能、国防工业、火箭航天工业、采矿业、冶金业和化工业。① 而俄罗斯信息资源的安全在《国家计算机攻击俄罗斯联邦信息资源监测、预警和后果消除体系构想》总统令中被表述为“俄罗斯信息资源免遭计算机攻击，以及由计算机攻击引起计算机事件后俄罗斯信息资源能正常运行”。② 为了细化完成保障俄罗斯信息资源安全这一总任务，《创建国家计算机攻击俄罗斯联邦信息资源监测、预警和后果消除体系》总统令将总任务分解成4个层面的具体任务：一是预测俄罗斯信息安全状况，二是保障俄罗斯信息资源所有者、通信运营商和其他被授权从事信息保护活动的主体在处理涉及计算机攻击的监测、预警和后果消除问题时相互协作，三是实施俄罗斯信息资源免遭计算机攻击保护等级的检查，四是确定与俄罗斯信息资源运行有关的计算机事件的

---

① Федеральный закон от 26.07.2017 г. №187 – ФЗ. О безопасности критической информационной инфраструктуры Российской Федерации [EB/OL]. [2022 – 5 – 12]. https://base.garant.ru/71730198/.

② Выписка из Концепции государственной системы обнаружения, предупреждения и ликвидации последствий компьютерных атак на информационные ресурсы Российской Федерации" (утв. Президентом Российской Федерации от 12.12.2014 г. №К1274) [EB/OL]. [2022 – 5 – 6]. https://legalacts.ru/doc/vypiska – iz – kontseptsii – gosudarstvennoi – sistemy – obnaruzhenija – reduprezhdenija/.

原因。① 从这 4 个层面的具体内容来看，它们涵盖了信息资源安全保障的整个流程。

二、具体职能

为了完成信息资源安全保障的一系列任务，俄罗斯必须明确规定国家计算机攻击监测、预警和后果消除体系的具体职能。《国家计算机攻击俄罗斯联邦信息资源监测、预警和后果消除体系构想》总统令作为俄罗斯联邦安全局落实《创建国家计算机攻击俄罗斯联邦信息资源监测、预警和后果消除体系》总统令，历时近 2 年修订完成并被总统批准的关于国家计算机攻击监测、预警和后果消除体系建设的纲领性指导文件，对国家计算机攻击监测、预警和后果消除体系的职能做了明确规定，具体包含以下 12 项职能：

一是判定计算机攻击的特征，确定攻击的源头和实施攻击的方式、方法及手段，研制计算机攻击监测、预警和消除后果的手段、方法；

二是编制并更新国家计算机攻击监测、预警和后果消除体系主体责任范围内关于俄罗斯信息资源的最新详细信息；

三是预测俄罗斯信息安全保障状况，包括已预测、查明的威胁及其评估情况；

四是组织和实施执法机关与其他拥有俄罗斯信息资源的国家机关、通信运营商、网络服务提供商及其他相关组织在计算机攻击监测和判定攻击源头领域的国内与国际层面的相互协作，包括交流已查明计算机攻击及其引起的计算机事件的信息，以及交流查明软件和硬件漏洞、计算机事件响应的经验；

五是组织和开展在国家计算机攻击监测、预警和后果消除手段、方法的研

① Указ Президента Российской Федерации от 15. 01. 2013г. №31с. О создании государственной системы обнаружения, предупреждения и ликвидации последствий компьютерных атак на информационные ресурсы Российской Федерации [EB/OL]. [2022 – 5 – 12]. http://www.kremlin.ru/acts/bank/36691.

制与运用领域的科学研究；

六是实施国家计算机攻击监测、预警和后果消除体系创建及运行所需的人员培训和进修的保障措施；

七是收集和分析有关俄罗斯信息资源的计算机攻击及其引起的计算机事件的信息，以及与俄罗斯信息资源所有者相互协作的其他国家的信息系统和信息通信网络中的计算机事件信息；

八是实施针对俄罗斯信息资源的计算机攻击及其引起的计算机事件的快速响应措施，包括计算机事件的后果消除措施；

九是识别、收集和分析有关软件、硬件漏洞的信息；

十是监测俄罗斯信息资源在创建、运行和更新阶段的信息系统和信息通信网络的保护等级，并为俄罗斯信息资源保护机构制定免遭计算机攻击的方法建议；

十一是组织和实施防病毒保护；

十二是完善计算机攻击监测、预警和后果消除力量、手段的行动策略。

三、基本构成

国家计算机攻击监测、预警和后果消除体系作为保障俄罗斯信息资源安全的一个集中、统一的综合体，国家计算机攻击监测、预警和后果消除体系主体是负责不同范围内俄罗斯信息资源安全的责任人。按照《国家计算机攻击俄罗斯联邦信息资源监测、预警和后果消除体系构想》总统令的规定，国家计算机攻击监测、预警和后果消除体系主体主要包括以下几类组织和机构：负责俄罗斯关键信息基础设施安全保障的联邦执行权力机关；负责国家计算机攻击监测、预警和后果消除体系创建、运行的联邦执行权力机关；俄罗斯信息资源所有者；通信运营商以及其他被授权实施信息保护活动的组织。由这一范畴可知，国家计算机攻击监测、预警和后果消除体系主体不一定是关键信息基础设施主体，但关键信息基础设施主体一定是国家计算机攻击监测、预警和后果消除体系主体。这一点也体现在《俄罗斯联邦关键信息基础设施安全法》中有关关键信息基础设施主体义务的条款中。当然，如果非关键信息基础设施主体想要连接国家计算机攻击监测、预警和后果消除体系以提升自身网络安全保护水平，就必须首先成为国家计算机攻击监测、预警和后果消除体系主体。国家计算机攻击监测、预警和后果消除体系主体的主要任务就是建设并运营国家计算机攻击监测、预警和后果消除体系中心，从而构建起完善的计算机攻击的监测、预警、响应和后果消除能力。

国家计算机攻击监测、预警和后果消除体系中心作为组成国家计算机攻击监测、预警和后果消除体系的基础组织单元，主要按照部门原则、属地原则和层级原则建设和运行。按照《国家计算机攻击俄罗斯联邦信息资源监测、预警和后果消除体系构想》总统令的规定，国家计算机攻击监测、预警和后果消除体系中心主要分为5类：国家计算机攻击监测、预警和后果消除体系总中心，区域中心，地区中心，部门中心（包括俄罗斯国家权力机关中心与俄罗斯主体国家权力机关），企业中心。① 其中，国家计算机攻击监测、预警和后果消除体系总中心于2018年9月建成，即国家计算机事件协调中心。这些中心按照三层制结构共同构成国家计算机攻击监测、预警和后果消除体系：第一层级是联邦层面的国家计算机事件协调中心、一级部门中心和一级企业中心；第二层级是联邦管区层面的区域中心、二级部门中心和二级企业中心；第三层级是联邦主体层面的地区中心、三级部门中心和三级企业中心。国家计算机事件协调中心、区域中心和地区中心分别负责本层级的部门中心和企业中心的协调工作，部门中心和企业中心同时也接受上一层级部门中心和企业中心的组织协调。这些中心的建设可以分为3种类型，分别由不同的国家计算机攻击监测、预警和后果消除体系主体负责：国家计算机攻击监测、预警和后果消除体系总中心，

① Выписка из Концепции государственной системы обнаружения, предупреждения и ликвидации последствий компьютерных атак на информационные ресурсы Российской Федерации (утв. Президентом Российской Федерации от 12. 12. 2014 г. №К1274) [EB/OL]. [2022 – 5 – 6]. https: //legalacts. ru/doc/vypiska – iz – kontseptsii – gosudarstvennoi – sistemy – obnaruzhenija – reduprezhdenija/.

区域中心，地区中心由俄罗斯联邦安全局负责建设；部门中心由联邦国家权力机关和联邦主体国家权力机关负责建设；企业中心由国有企业、通信运营商和其他被授权从事信息保护活动的组织负责建设。

四、运行机制

国家计算机攻击监测、预警和后果消除体系的核心职能是对由计算机攻击引起的计算机事件进行应急响应，从而实现保护俄罗斯关键信息基础设施安全的任务。按照已获俄罗斯联邦安全局认证且有资格承担国家计算机攻击监测、预警和后果消除体系中心建设外包任务的远景监测公司的研究报告所述：计算机事件的应急响应是一个完整的闭环式工作流程，一般体现为 5 个阶段。

一是监测阶段，主要工作包括评估与决策、发出警报、调查及收集证据并进行分析；

二是遏制阶段，主要工作包括迅速采取保护措施、隔离攻击目标与主网络；

三是恢复阶段，主要工作包括清除有害影响、投入运行；

四是改进阶段，主要工作是采取及完善保护措施；

五是培训与规划阶段，主要工作包括制定信息安全策略、采用信息保护系统、培训人员。①

当第五阶段工作完成后，将进入新一轮闭环式工作流程。在这一工作流程中，完成一系列具体工作的组织单元是国家计算机事件协调中心和其他众多的区域中心、地区中心、部门中心和企业中心等。这些具体工作的高效完成，离不开国家计算机事件协调中心与其他中心之间以及其他各中心之间的信息交流，而其中尤为关键的是国家计算机事件协调中心与其他中心之间的信息交

① Георгий Караев, Роман Кобцев, Вячеслав Моногаров, Сергей Нейгер. Выполняем требования 187 – ФЗ—White paper о мониторинге информационной безопасности и подключении к ГосСОПКА [EB/OL]. [2022 – 5 – 13]. https://amonitoring.ru/service/PM_gossopka_WP_2019 – 10.pdf.

流。在平时，各中心可以按照层级结构逐级通报相关信息；但在发生计算机事件时，国家计算机事件协调中心与其他中心之间的跨层级直接信息交流更能体现国家计算机攻击监测、预警和后果消除体系的运行机制。国家计算机事件协调中心与其他各中心之间双向信息交流的方式，按照俄罗斯联邦安全局发布的《向国家计算机攻击监测、预警和后果消除体系提供信息清单和程序》命令规定，主要采取两种方式：一种是通过国家计算机事件协调中心官方网站或电子邮件、传真、电话、信件；另一种是通过国家计算机事件协调中心的技术基础设施，即专用通信网络。关于信息交流的时限，平常情况下，国家计算机事件协调中心与其他各中心之间的信息交流不少于每月一次。当发生计算机事件时，无论选择哪种方式接入国家计算机攻击监测、预警和后果消除体系，如果计算机事件涉及关键信息基础设施，从监测到计算机事件起 3 小时内必须向国家计算机事件协调中心通报，如果涉及非关键信息基础设施，则必须在 24 小时内向国家计算机事件协调中心通报。国家计算机事件协调中心在收到计算机事件的通报后，必须在 24 小时内向其他各中心通知相关信息。①

第三节　俄罗斯国家计算机攻击监测、预警和后果消除体系建设的要求、步骤和现状

一、建设要求

国家计算机攻击监测、预警和后果消除体系的基础组织单元是国家计算机

---

① Приказ ФСБ России от 24.07.2018 г. №367. Об утверждении Перечня информации, представляемой в государственную систему обнаружения, предупреждения и ликвидации последствий компьютерных атак на информационные ресурсы Российской Федерации и Порядка представления информации в государственную систему обнаружения, предупреждения и ликвидации последствий компьютерных атак на информационные ресурсы Российской Федерации [EB/OL]. [2022 - 5 - 13]. https://www.garant.ru/products/ipo/prime/doc/71941504/.

攻击监测、预警和后果消除体系中心，因而该中心的建设就成为国家计算机攻击监测、预警和后果消除体系建设的主要内容。从长期发展来看，国家计算机攻击监测、预警和后果消除体系要想发挥体系作用更好地完成保护俄罗斯信息资源的任务，必须建设足够多的国家计算机攻击监测、预警和后果消除体系中心。要想建设国家计算机攻击监测、预警和后果消除体系中心，首先必须成为国家计算机攻击监测、预警和后果消除体系主体。无论是关键信息基础设施主体还是非关键信息基础设施主体，要想成为国家计算机攻击监测、预警和后果消除体系主体，都面临以下具体要求：

一是获得相关许可证。许可证由联邦执行权力机关颁发，具体包括：第一种是俄罗斯联邦安全局授权从事涉及国家秘密信息的活动以及在涉及国家秘密的信息系统中从事监测活动的许可证；第二种是获得俄罗斯联邦技术和出口监督局授权从事信息化系统与手段的信息安全监测领域的秘密信息的技术保护活动的许可证；第三种是获得俄罗斯联邦安全局授权从事创建涉及国家秘密信息的信息保护手段的许可证或者从事密码工具、使用密码工具的信息系统与通信系统的研制、生产与推广活动的许可证。

二是制定相关内部文件。具体包括：第一个文件是国家计算机攻击监测、预警和后果消除体系中心条例，按照俄罗斯联邦安全局的要求，该文件必须反映以下几类信息：关于国家计算机攻击监测、预警和后果消除体系主体执行有关国家计算机攻击监测、预警和后果消除体系中心的法律要求的信息，关于国家计算机攻击监测、预警和后果消除体系主体中保障国家计算机攻击监测、预警和后果消除体系中心活动与职能的专家的信息，关于用于对抗计算机攻击的软件和硬件设备的信息，国家计算机攻击监测、预警和后果消除体系中心主任的权利、义务和责任。第二个文件是国家计算机攻击监测、预警和后果消除体系中心活动章程。第三个文件是国家计算机攻击监测、预警和后果消除体系中心编制表。按照俄罗斯联邦安全局的要求，该文件中必须编配以下几类人员：计算机攻击与计算机事件监测专家，国家计算机攻击监测、预警和后果消除体系中心设备维护专家，安全保护评估专家，计算机事件后果消除专家，计算机事件原因鉴定专家，法律专家，分析师和主管等。第四个文件是国家计算机攻击监测、预警和后果消除体系中心与外部组织合作章程。

三是签署合作协议。主要包括两个协议：与国家计算机事件协调中心的合作协议，与俄罗斯联邦安全局的合作协议。①

二、建设步骤

国家计算机攻击监测、预警和后果消除体系的建设过程，也是基础组织单元国家计算机攻击监测、预警和后果消除体系中心完成建设并连接国家计算机攻击监测、预警和后果消除体系的过程。国家计算机事件协调中心、区域中心和地区中心由俄罗斯联邦安全局负责建设，因而这里所指的国家计算机攻击监测、预警和后果消除体系中心建设主要是指部门中心和企业中心的建设。通常情况下，无论是独立建设还是外包给第三方，这一过程通常包括：一是形成关键信息基础设施目标清单，二是实施技术保护措施，三是连接国家计算机攻击监测、预警和后果消除体系。

第一阶段的工作可以分为三步来完成：第一步是成立特别委员会（或者外包给专门技术团队）进行清查。该委员会的主要任务是对照俄罗斯联邦技术和出口监督局颁发的关键信息基础设施目标分类目录，对本机构或组织已有信息资源进行清点、核验，以形成关键信息基础设施目标清单。这一步工作是整个建设过程中最基础也最困难的一部分，特别委员会需要完成一系列工作，主要包括分析内部文件、确定工艺流程及方案、收集信息系统结构资料、绘制信息系统物理和逻辑结构图、绘制信息系统内部运行图、收集技术保护手段和措施资料以评估技术保护状况与监管机构要求之间的差距。特别委员会的清查工作完成后，进入第二步，即形成关键信息基础设施目录清单。该目录清单是在完成清查工作并确定本

---

① Сергей Куц. Как и кому необходимо подключаться к ГосСОПКА [EB/OL]. [2022-5-13]. https://safe-surf.ru/specialists/article/5232/609426/.

机构或组织关键业务设备、流程清单基础上形成的，它把本机构或组织的关键信息基础设施目标按照俄罗斯联邦技术和出口监督局公布的要求按照重要性划分为三个等级，一级为最高级。① 第三步是确认关键信息基础设施目录清单。如果已形成的关键信息基础设施目标清单有超出俄罗斯联邦技术和出口监督局颁发的关键信息基础设施目标分类目录的信息系统或自动化控制系统，而该设施又是本机构或组织完成关键业务流程的必须设施，那么可以通过申请、审核流程把该设施列入关键信息基础设施目录清单。其中属于关键信息基础设施目标的设施，需要向俄罗斯联邦技术和出口监督局提出书面申请，而用于连接国家计算机攻击监测、预警和后果消除体系的设施，需要向俄罗斯联邦安全局提出书面申请。

第二阶段是实施技术保护措施的工作。开展这一工作的现实基础是本机构或组织关键信息基础设施技术保护状况与监管机构要求之间的差距，其法律依据是由俄罗斯联邦技术和出口监督局于 2017 年 12 月颁布的《关于批准俄罗斯联邦关键信息基础设施重要目标安全保障要求》命令，主要是完成以下工作：分析关键信息基础设施目标风险、制定信息安全威胁模型、实施关键信息基础设施目标安全保障组织和技术措施、培训信息安全保障人员等。

第三阶段是完成连接国家计算机攻击监测、预警和后果消除体系。这一阶段工作主要分为三步：第一步是将前期制定的国家计算机攻击监测、预警和后果消除体系中心条例，国家计算机攻击监测、预警和后果消除体系中心活动章程，国家计算机攻击监测、预警和后果消除体系中心编制表的副本以书面形式提交给国家计算机事件协调中心审查；审查通过后进入第二步，实施技术连接国家计算机攻击监测、预警和后果消除体系并调试系统运行；第三步是接受俄罗斯联邦安全局的最终审查。至此，国家计算机攻击监测、预警和后果消除体

---

① Приказ ФСТЭК России от 22. 12. 2017г. №236. Об утверждении формы направления сведений о результатах присвоения объекту КИИ одной из категорий значимости либо об отсутствии необходимости присвоения ему одной из таких категорий [EB/OL]. [2022 - 5 - 13]. https: //fstec. ru/index? id = 1607: prikaz.

系中心完成建设并实现连接国家计算机攻击监测、预警和后果消除体系。①

三、建设现状

俄罗斯国家计算机攻击监测、预警和后果消除体系的建设目前呈现两种相反的形势：一方面，本应成为国家计算机攻击监测、预警和后果消除体系建设主力军的关键信息基础设施主体建设步伐过于缓慢。国家计算机攻击监测、预警和后果消除体系的核心职能是保护俄罗斯关键信息基础设施，因而，关键信息基础设施主体完成国家计算机攻击监测、预警和后果消除体系中心建设并连接到体系中是影响整体建设的关键因素。按照俄罗斯联邦技术和出口监督局官员的统计数据，截至 2019 年 3 月，俄罗斯关键信息基础设施目标约有 2.9 万个，它们分别属于大约 1100 个关键信息基础设施主体。而在俄罗斯联邦技术和出口监督局收到的 2000 份关键信息基础设施目标分类清单中，有 630 份清单因不符合标准被驳回重新修订。② 这也就意味着许多关键信息基础设施主体在建设国家计算机攻击监测、预警和后果消除体系中心的工作上还停留在第一阶段，即形成关键信息基础设施目标清单的阶段。出现这一形势有很多原因，例如，所拥有的关键信息基础设施复杂多样、缺乏专业技术人才、严格的技术标准要求等。按照时任俄罗斯联邦安全局信息保护与特种通信中心副主任伊戈尔·科恰林公开的信息，截至 2018 年 11 月，仅有包括俄罗斯联邦能源部、俄罗斯联邦对外情报局、俄罗斯联邦工业和贸易部、俄罗斯联邦外交部、俄罗斯联邦国防部、俄罗斯联邦总检察长办公

---

① Приказ ФСТЭК России от 25.12.2017 г. №239. Об утверждении Требований по обеспечению безопасности значимых объектов критической информационной инфраструктуры Российской Федерации [EB/OL]. [2022-5-13]. https://fstec.ru/normotvorcheskaya/akty/53-prikazy/1592-prikaz-fstek-rossii-ot-25-dekabrya-2017-g-n-239.

② Торбенко Елена Борисовна. Вопросы реализации Федерального закона "О безопасности критической информационной инфраструктуры Российской Федерации" [EB/OL]. [2022-5-13]. https://www.xn—90acqjv.xn—p1ai/wp-content/uploads/2019/03/Torbenko.pdf.

室、俄罗斯联邦调查委员会、俄罗斯联邦国税局、俄罗斯联邦储蓄银行、俄罗斯国家原子能集团公司、俄罗斯国家航天集团公司等18个机构或组织创建了国家计算机攻击监测、预警和后果消除体系中心，有俄罗斯联邦内政部、俄罗斯联邦保卫局、俄罗斯联邦中央银行、卡巴斯基实验室、移动通信系统公司等8个机构或组织正在筹建国家计算机攻击监测、预警和后果消除体系中心。① 以俄罗斯联邦交通运输部为例，该部从2016年制定创建交通运输部部门中心构想开始，直至2018年还停留在实施技术保护措施阶段，并期望2019年在下属信息安全领域国有企业“交通信息保护”公司的协作下接入国家计算机攻击监测、预警和后果消除体系。②

另一方面，许多非关键信息基础设施主体——私营信息安全公司积极投身国家计算机攻击监测、预警和后果消除体系建设，它们或者提供技术咨询服务，或者参与部分项目招标建设，或者直接变成国家计算机攻击监测、预警和后果消除体系主体全权负责其他机构或组织的国家计算机攻击监测、预警和后果消除体系中心的建设。如前述的“安全代码”公司。导致这一形势的原因主要有两点：一是市场需求量大，二是政府财政投入的刺激。尤其是2019年10月以后，政府决定对国家计算机攻击监测、预警和后果消除体系建设进行财政拨款，许多私营公司成立专门业务团队竞相把业务向这一领域拓展延伸，以获取联邦预算补贴。从国家计算机攻击监测、预警和后果消除体系的建设效果来看，已建成的部分部门中心或企业中心已经在防御计算机攻击和应对计算机事件方面发挥了重要作用。以国家计算机攻击监测、预警和后果消除体系萨马拉中心为例，按照时任萨马拉州信息技术与通信局官员阿奇莫夫·马克西姆公布

① Игорь Федорович Качалин. Роль и назначение ГосСОПКА в современной системе информационной безопасности Российской Федерации [EB/OL]. [2022 - 5 - 13]. https://soc - forum. ib - bank. ru/files/files/SOC% 202018/01_kachalin. pdf.

② Министерства транспорта Российской Федерации. Опыт создания и дальнейшее развитие ведомственного сегмента ГосСОПКА Минтранса России [EB/OL]. [2022 - 5 - 13]. https://www. xn—90acqjv. xn—p1ai/wp - content/uploads/2018/03/9 - Hmelevskaya. pptx.

的数据来看，该中心在2018年共处理高危信息安全活动40万次，一般信息安全事件500万次以上，信息安全事件70次，仅在2019年上半年就屏蔽了约1.3万个IP地址、处理了大约7000次信息安全事件。① 为了进一步提升国家层面的网络安全应急响应能力，拓展国家计算机攻击监测、预警和后果消除体系的范围，俄罗斯联邦数字发展、通信和大众传媒部在2022年9月开始与国内私营商业公司探讨建立一个类似于国家计算机攻击监测、预警和后果消除体系的网络空间安全预警监测体系，由俄罗斯联邦数字发展、通信和大众传媒部主导，国内私营商业公司广泛参与。②

第四节　俄罗斯国家计算机攻击监测、预警和后果消除体系的法律、财政和组织保障

一、法律保障

国家计算机攻击监测、预警和后果消除体系建设从2012年提出设想到初见成效的多年间，俄罗斯为了不断推进、完善该体系建设，在立法层面为其构建立了一整套法律法规体系。这一体系包含一系列联邦法、总统令、政府法令、部门法规和其他相关法律法规，从而为国家计算机攻击监测、预警和后果消除体系的建设奠定了坚实的法律基础。

1. 联邦法：《俄罗斯联邦关键信息基础设施安全法》。2017年正式颁布的《俄罗斯联邦关键信息基础设施安全法》与2013年公布并计划于2015年颁布的草案文本相比，在涉及国家计算机攻击监测、预警和后果消除体系方面的修

① Акимов Максим. Ведомственный центр ГосСОПКА: Сложности построения и возможности развития [EB/OL]. [2022-5-16]. https://soc-forum.ib-bank.ru/files/files/SOC2019/06%20Akimov.pdf.

② Киберинциденты поставят на платформу, Участники рынка информбезопасности готовы обмениваться данными [EB/OL]. [2022-5-16]. https://www.kommersant.ru/doc/5537268.

改主要体现在以下几点：一是明确了计算机攻击监测、预警和后果消除的力量、手段的构成，二是明确了国家计算机事件协调中心开展工作的法律依据，三是明确了国家计算机攻击监测、预警和后果消除体系与其他国家类似机构或国际组织开展信息交流时的权责主体是联邦执行权力机关。①

2. 总统令：《俄罗斯联邦关键基础设施重要目标生产和工艺过程自动化管理系统安全保障领域国家政策》《创建国家计算机攻击俄罗斯联邦信息资源监测、预警和后果消除体系》《国家计算机攻击俄罗斯联邦信息资源监测、预警和后果消除体系构想》《国家计算机攻击俄罗斯联邦信息资源监测、预警和后果消除体系部门中心部署方案》《完善国家计算机攻击俄罗斯联邦信息资源监测、预警和后果消除体系》。这些总统令颁布的时间线清晰地勾勒出俄罗斯国家计算机攻击监测、预警和后果消除体系从构想到实践的具体过程，其内容涵盖国家计算机攻击监测、预警和后果消除体系的任务、职责、构成、力量、手段和负责机构等，在推动俄罗斯国家计算机攻击监测、预警和后果消除体系建设进程方面发挥了主导作用。

3. 政府法令：《俄罗斯联邦关键信息基础设施目标分类规则和重要性标准指标清单》《从联邦预算中提供补贴以创建国家计算机攻击监测、预警和后果消除体系部门中心并将其列入紧急网络威胁信息自动交流系统细则》。

4. 部门法规：《国家计算机事件协调中心条例》《向国家计算机攻击监测、预警和后果消除体系提供信息的清单和程序》《国家计算机攻击俄罗斯联邦信息资源监测、预警和后果消除及计算机事件应急响应手段需求》《俄罗斯联邦关键信息基础设施重要目标登记管理制度》。俄罗斯联邦安全局和俄罗斯联邦技术和出口监督局在国家计算机攻击监测、预警和后果消除体系建设中分别承担不同领域的具体工作，因而出台了许多命令形式的部门法规，篇幅原因不再一一列举。

---

① Проект закона. О безопасности критической информационной инфраструктуры Российской Федерации [EB/OL]. [2022 - 5 - 16]. http://img.rg.ru/pril/article/83/27/52/zakonoproekt.doc.

除此之外，这两个联邦执行权力机关还以方法建议、信息通报等形式颁布了许多关于国家计算机攻击监测、预警和后果消除体系建设的具体指导文件，如俄罗斯联邦安全局制定的《创建国家计算机攻击监测、预警和后果消除体系部门中心、企业中心的方法建议》《企业中心接入国家计算机国家计算机攻击监测、预警和后果消除体系临时章程》和俄罗斯联邦技术和出口监督局制定的《提供将关键信息基础设施目标从重要目标目录列入非重要目标目录清单问题的信息通报》等。这类文件属于内部业务指导文件，因而具体文本都未公开。

5. 相关法律法规：一是《修改俄罗斯联邦技术和出口监督局条例》总统令，该法令进一步明确了俄罗斯联邦技术和出口监督局在建设国家计算机攻击监测、预警和后果消除体系中的职责；① 二是《〈俄罗斯联邦关键信息基础设施安全法〉通过后〈俄罗斯联邦刑法〉和〈俄罗斯联邦刑事诉讼法〉第 151 条修正案》，该法令充实了计算机犯罪相关条款，对实施计算机攻击、造成计算机事件的违法犯罪行为按损害程度不同给予相应的惩罚；② 三是《修改国家秘密信息目录》总统令，该法令增补了国家计算机攻击监测、预警和后果消除体系范畴下新的国家秘密信息类别。③ 此外，部分条款被修改的相关法规还有《俄罗斯联邦国家秘密法》《俄罗斯联邦通信法》等。

---

① Указ Президента Российской Федерации от 25. 11. 2017 г. №569. О внесении изменений в Положение о Федеральной службе по техническому и экспортному контролю, утвержденное Указом Президента Российской Федерации от 16 августа 2004 г. №1085 [EB/OL]. [2022 – 5 – 16]. http: //www. kremlin. ru/acts/bank/42489.

② Федеральный закон от 26. 07. 2017 г. №194 – ФЗ. О внесении изменений в Уголовный кодекс Российской Федерации и статью 151 Уголовно – процессуального кодекса Российской Федерации в связи с принятием Федерального закона" О безопасности критической информационной инфраструктуры Российской Федерации [EB/OL]. [2022 – 5 – 16]. https: //zlonov. ru/kii/194 – %D1%84%D0%B7/.

③ Указ Президента Российской Федерации от 2. 03. 2018 г. №98. О внесении изменения в перечень сведений, отнесенных к государственной тайне, утвержденный Указом Президента Российской Федерации от 30 ноября 1995 г. №1203 [EB/OL]. [2022 – 5 – 16]. http: //www. kremlin. ru/acts/bank/42853.

二、财政保障

国家计算机攻击监测、预警和后果消除体系建设的财政保障形式，以俄罗斯政府于2019年6月公布的《俄罗斯联邦国家数字经济纲要》为标志，可以划分为两个阶段：第一阶段以申请政府财政拨款为主要方式，第二阶段以申请联邦预算补贴为主要形式。

在第一阶段，由于缺乏总体配套政策尤其是财政政策，各关键信息基础设施主体尤其是相关政府机构在筹建国家计算机攻击监测、预警和后果消除体系中心过程中，基本会以申请财政拨款的方式来筹集建设资金。国家计算机攻击监测、预警和后果消除体系中心建设属于新生事物，此前并没有专项财政预算，因而这一阶段的财政保障形式在实践中出现的最大问题就是资金划拨周期太长。一般情况下，4月份提出资金申请，5月至10月确认或否决申请，11月至12月核准预算，次年2月份划拨资金到，这一漫长过程伴随着诸如出现新的资金需求、原定采购技术或设备出现换代产品、新的技术或设备金额突破申请①等情况。

在第二阶段，由于《俄罗斯联邦国家数字经济纲要》将信息安全列为纲要中的6个联邦项目之一，并把国家计算机攻击监测、预警和后果消除体系部门中心和企业中心建设纳入指标体系中，② 这意味该体系的建设将会获得联邦财政的保障。国家计算机事件协调中心、区域中心及地区中心都是由俄罗斯联邦安全局依托原有相关机构的人员、技术设备筹建，因而该联邦项目并未将它们的建设列入指标体系。2019年10月，俄罗斯联邦政府公布了《俄罗斯联邦预算拨款规则以创建国家计算机攻击监测、预警和后果消除体系部门中心并将其

---

① Акимов Максим. Ведомственный центр ГосСОПКА: Сложности построения и возможности развития [EB/OL]. [2022 - 5 - 16]. https: //soc - forum. ib - bank. ru/files/files/SOC2019/06% 20Akimov. pdf.

② Национальная программа. Цифровая экономика Российской Федерации [EB/OL]. [2022 - 5 - 16]. https: //digital. gov. ru/uploaded/files/natsionalnaya - programma - tsifrovaya - ekonomika - rossijskoj - federatsii_NcN2nOO. pdf.

纳入网络威胁信息共享体系》政府法令，明确管理这项联邦预算补贴的负责人为俄罗斯联邦数字发展、通信和大众传媒部，获得补贴的方式是参加该部特别委员会发起的公开竞标，补贴使用管理的原则是员工工资与购买、租赁软硬件的费用分别不超过总补贴金额的30%和60%。[①] 2019年11月25日，俄罗斯联邦数字发展、通信和大众传媒部按照《俄罗斯联邦预算拨款规则以创建国家计算机攻击监测、预警和后果消除体系部门中心并将其纳入网络威胁信息共享体系》政府法令的规定，制定并公布了俄罗斯联邦数字发展、通信和大众传媒部关于实施从创建国家计算机攻击监测、预警和后果消除体系部门中心联邦财政支出预算中提供补贴公开竞标的通告,[②]，明确联邦预算补贴的时限为2019财年、2020财年和2021财年，由此启动了对建设国家计算机攻击监测、预警和后果消除体系部门中心的财政保障程序。企业中心的建设情况相比较部门中心更加复杂，因而关于它的联邦预算补贴方案尚未出台。

三、组织保障

国家计算机攻击监测、预警和后果消除体系建设工作的稳步推进，离不

① Постановление Правительства Российской Федерации от 7. 10. 2019г. №1285. Об утверждении Правил предоставления субсидий из федерального бюджета на создание отраслевого центра Государственной системы обнаружения, предупреждения и ликвидации последствий компьютерных атак（ГосСОПКА）и включение его в систему автоматизированного обмена информацией об актуальных киберугрозах [EB/OL]. [2022 – 5 – 18]. http://government. ru/docs/all/124023/.

② Министерство цифрового развития, связи и массовых коммуникаций Российской Федерации. Извещение о проведении Министерством цифрового развития, связи и массовых коммуникаций Российской Федерации открытого конкурсного отбора на предоставление субсидии из федерального бюджета на финансовое обеспечение расходов, связанных с реализаций мероприятия по созданию отраслевого центра Государственной системы обнаружения, предупреждения и ликвидации последствий компьютерных атак（ГосСОПКА）и включение его в систему автоматизированного обмена информацией об актуальных киберугрозах [EB/OL]. [2022 – 5 – 18]. https://digital. gov. ru/ru/documents/6898/.

开坚实的组织保障。在这一过程中，俄罗斯联邦安全局，俄罗斯联邦技术和出口监督局，俄罗斯联邦数字发展、通信和大众传媒部分别从不同层面或领域提供了有力的组织保障。

1. 俄罗斯联邦安全局。俄罗斯联邦安全局作为与国家计算机攻击监测、预警和后果消除体系建设最密切的机构，从该体系建设之初就一直发挥着组织保障的核心作用。在 2013 年 1 月颁布的《创建国家计算机攻击俄罗斯联邦信息资源监测、预警和后果消除体系》总统令的 4 条具体内容中，第 1 条就是总统委托俄罗斯联邦安全局全权负责创建国家计算机攻击监测、预警和后果消除体系。总统令的第 3 条规定了俄罗斯联邦安全局在创建国家计算机攻击监测、预警和后果消除体系工作中的权力，其中第一项权力是组织、推动、监督国家计算机攻击监测、预警和后果消除体系创建工作，确保其他国家机关在此项工作中的协作。① 从现实情况看，无论是总体工作的组织协调推进，还是国家计算机事件协调中心、区域中心、地区中心的具体承建，以及具体建设流程中的资质审查、方法建议和监督检查，俄罗斯联邦安全局都很好地履行了自己的职责。如果说这一阶段俄罗斯联邦安全局在创建国家计算机攻击监测、预警和后果消除体系中的权力主要来源于总统授权的话，在 2017 年 12 月颁布的《完善国家计算机攻击俄罗斯联邦信息资源监测、预警和后果消除体系》总统令中，俄罗斯联邦安全局的地位被进一步提升。正如该总统令第 1 条和第 3 条所规定的，俄罗斯联邦安全局在国家计算机攻击监测、预警和后果消除体系运行中的保障、督查权力的法律地位由《俄罗斯联邦关键信息基础设施安全法》赋予。②

---

① Указ Президента Российской Федерации от 15. 01. 2013 г. №31с. О создании государственной системы обнаружения, предупреждения и ликвидации последствий компьютерных атак на информационные ресурсы Российской Федерации [EB/OL]. [2022 – 5 – 19]. http: //www. kremlin. ru/acts/bank/36691.

② Указ Президента Российской Федерации от 22. 12. 2017 г. №620. О совершенствовании государственной системы обнаружения, предупреждения и ликвидации последствий компьютерных атак на информационные ресурсы Российской Федерации [EB/OL]. [2022 – 5 – 19]. http: //www. kremlin. ru/acts/bank/42623.

2. 俄罗斯联邦技术和出口监督局。该局在国家计算机攻击监测、预警和后果消除体系创建过程中的作用主要体现在对关键信息基础设施主体各种信息资源的检查监督和关键信息基础设施目标分类目录的制定与审核上，这项工作为国家计算机攻击监测、预警和后果消除体系的创建奠定了坚实的基础。随着2017年11月《修改俄罗斯联邦技术和出口监督局条例》总统令的颁布，该局在国家计算机攻击监测、预警和后果消除体系中涉及关键信息基础设施目标的信息核查、技术保护等领域的地位进一步加强。①

3. 俄罗斯联邦数字发展、通信和大众传媒部。该部虽然不像上述两个机构由俄罗斯联邦法或总统令明确赋予在国家计算机攻击监测、预警和后果消除体系建设中的具体职责，但作为信息技术和互联网发展等领域国家政策的制定者和执行者，《俄罗斯联邦国家数字经济纲要》中《信息安全联邦项目》的具体执行者以及俄罗斯联邦通信管理者，其联邦执行权力机关的定位使其在国家计算机攻击监测、预警和后果消除体系建设中也发挥了巨大的作用。

第五节　俄罗斯国家计算机攻击监测、预警和后果消除体系建设的主要特点

一、以联邦法促进关键信息基础设施安全水平整体跃升

关键信息基础设施安全是影响国家网络安全状况的重中之重，也是国家计算机攻击监测、预警和后果消除体系任务的核心。俄罗斯此前由于关键信息基础设施领域不同，信息化、网络化发展程度也不同，整体安全水平参差不齐，例如，金融领域由于网络攻击易造成直接、巨大的损失，因而网络安

① Указ Президента Российской Федерации от 25. 11. 2017 г. №569. О внесении изменений в Положение о Федеральной службе по техническому и экспортному контролю, утвержденное Указом Президента Российской Федерации от 16. 08. 2004 г. №1085 [EB/OL]. [2022－5－19]. http：//www. kremlin. ru/acts/bank/42489.

全意识、能力相对较高；而采矿、冶金等领域由于工控系统相对独立，其网络安全意识、能力往往较低。《俄罗斯联邦关键信息基础设施安全法》颁布后，关键信息基础设施主体作为法定的国家计算机攻击监测、预警和后果消除体系主体，它们的权利、义务由联邦法规定。同时，关键信息基础设施主体在国家计算机攻击监测、预警和后果消除体系的建设、运行中，始终处在一系列相关总统令、政府法令和部门法规、方法建议、信息通报的规范和引导下。从关键信息基础设施目标的清查核验，到信息安全技术防护措施的运用，再到应对计算机攻击、计算机事件，关键信息基础设施主体始终坚持标准化、规范化、体系化原则，这就在很大程度上避免了出现安全短板的情况，从而在整体上提升了各领域关键信息基础设施的安全水平。

二、系统整合网络安全力量探索网络安全应急响应新模式

设立国家层面的计算机应急响应小组，是各国处理计算机网络安全问题、应对信息安全事件的普遍做法。但由于各国国情、政治体制及信息化发展程度不同等因素的影响，以计算机应急响应小组为核心的网络安全应急响应体系的特点也各不相同。美国计算机应急响应小组的特点是服务对象广泛，包括个人、家庭、小型商业网络、政府及关键信息基础设施等；服务项目多样，包括信息共享、威胁监测和预警、提供技术支援等。但由于美国关键信息基础设施大多属于私营企业，因而美国计算机应急响应小组在应对计算机事件时的协调、配合关系的主动权掌握在私营企业手中，这对于提高关键信息基础设施整体安全水平不利。英国计算机应急响应小组成立于2014年3月，该机构由于建立时间较短，目前主要职能是应对国家级别的计算机安全突发事件，为政府、关键信息基础设施及相关机构提供威胁信息及应对建议等。俄罗斯国家计算机攻击监测、预警和后果消除体系以关键信息基础设施安全为核心任务，以国家计算机攻击监测、预警和后果消除体系各类型中心为组织单元，系统整合了俄罗斯联邦安全局、俄罗斯联邦技术和出口监

督局、关键信息基础设施及专业信息安全企业的信息安全力量。该体系既避免了私营企业在应对计算机事件时的被动性，也避免了“抓大放小”式的计算机事件应对模式，还坚持了开放性原则以纳入大量非关键信息基础设施主体，探索出网络空间安全应急响应模式发展的新方向。

三、明确网络空间边界以捍卫网络空间主权

网络空间主权作为俄罗斯主权理论的新发展，是国家主权在网络空间的延伸。为了保障数字主权安全，俄罗斯在《俄罗斯联邦国家数字经济纲要·信息安全联邦项目》中制定了一系列的具体措施，其中就包含创建国家计算机攻击监测、预警和后果消除体系。网络空间边疆作为行使网络空间主权的边界范围，它的虚拟属性并不能掩盖其在物理空间存在的物质基础，因此明确的网络空间边疆是充分行使国家网络空间主权的前提和基础。国家计算机攻击监测、预警和后果消除体系的主要任务就是保护俄罗斯信息资源安全，而《俄罗斯联邦关键信息基础设施安全法》中对其的定义是俄罗斯境内和驻外使团、使领馆的信息系统、信息通信网络和自动化控制系统。这一定义与国际法中国家主权行使范围一致，同时也体现出俄罗斯对网络空间边疆的认识。国家计算机攻击监测、预警和后果消除体系的创建，可以更有效地应对针对俄罗斯信息资源的攻击，并快速响应由计算机攻击引发的计算机事件，这对筑牢网络空间边疆，捍卫俄罗斯的网络空间主权具有重要意义。

四、以网络空间整体防御塑造国际网络空间竞争新格局

网络空间作为国家间新的竞争领域，在国际关系格局变化中发挥着越来越重要的作用。尤其是2010年“震网”病毒攻击伊朗核设施自动化控制系统后，国家间的网络空间冲突与对抗问题更加明朗、尖锐。在网络空间竞争处于先天劣势的情况下，俄罗斯近些年在网络空间的物理层、语义层、社会层和逻辑层采取了一系列具体措施，正在逐渐完善国家网络空间防御体系，以期争取网络

空间竞争优势。在物理层，于 2019 年 12 月进行的国内网络与国际互联网的“断网”演习，检验了俄罗斯主权网络（RuNet）在极端情况下的运行情况；在语义层，俄罗斯军方从 2018 年 2 月开始以国产 Astra Linux 系统代替“视窗”（Windows）系统，国产移动端操作系统试点项目在 2019 年底启动；在社会层，通过开展“全俄网络安全月”活动、在各联邦区开设网络安全教学中心等措施提高社会网络安全意识及从业人员网络安全技能；在逻辑层，俄罗斯采取的系统性措施就是创建国家计算机攻击监测、预警和后果消除体系。该体系的创建，进一步加强了俄罗斯国家网络空间防御体系，提升了俄罗斯网络空间竞争优势，从而为俄罗斯塑造国际网络空间竞争新格局奠定了坚实的基础。

第七章 俄罗斯网络空间安全漏洞管理体系

网络空间安全漏洞作为信息通信网络在硬件、软件、协议上的具体实现或系统安全策略上存在的缺陷，随着经济社会信息化、网络化、数字化和智能化程度的加深，对国家网络安全的影响也日益加剧。世界各主要国家和组织为了切实提升国家网络安全防护能力，围绕网络空间安全漏洞的研究、收集和利用，纷纷建立国家级漏洞通报平台或漏洞数据库。日本于 2003 年开始建设“日本漏洞通报”，美国于 2005 年开始建设“国家漏洞数据库”，欧盟于 2008 年启动了以“信息安全漏洞库服务”为核心的“欧洲盾牌计划”，中国于 2009 年开始建设“中国国家信息安全漏洞库”。以建立国家层面漏洞数据库为主要标志，各国的网络空间安全漏洞管理体系也逐渐成熟和完善。相比其他各国，俄罗斯于 2015 年才建立了国家层面的漏洞数据库，即信息安全威胁数据库。尽管俄罗斯国家漏洞数据库发展时间较短，但是围绕信息安全威胁数据库建设构建起的网络空间安全漏洞管理体系已经初具规模。研究俄罗斯网络安全空间漏洞管理体系建设，对于进一步提升中国网络空间安全漏洞管理能力和水平具有重要借鉴意义。

第一节　俄罗斯网络空间安全漏洞管理体系的法律基础

从法律法规层面对网络空间安全漏洞的研究、收集和利用进行规范，是构建网络空间安全漏洞管理体系的基础。俄罗斯目前已经建立起包括总统令、政府法令、部门法规和部门指导文件在内的一整套法规文件，这为网络空间安全漏洞管理体系的建设发展奠定了坚实的法律基础。

一、总统令

《俄罗斯联邦技术和出口监督局问题》总统令赋予俄罗斯联邦技术和出口监督局查验国家信息系统中包含的信息安全威胁，建立国家信息安全威胁数据库，并确定相关联邦执行权力机关和联邦主体权力机关对信息安全威胁数据库的使用程序及方法的权利。①《俄罗斯联邦技术和出口监督局问题》总统令作为俄罗斯最早涉及网络空间安全漏洞管理的法规文件，尽管规格较高、起步较早，然而由于当时俄罗斯社会信息化发展较慢，并没有在实践上起到推动网络空间安全漏洞管理体系建立的作用，但却为日后有关漏洞管理的法规文件制定提供了法理基础。

二、政府法令

《个人信息系统数据处理保护要求》政府法令主要明确了个人信息系统信息安全威胁的等级标准、判定依据和相应的信息安全技术与组织防护措施，以及俄罗斯联邦技术和出口监督局在其中的职责。②

---

① Указ Президента Российской Федерации от 16. 08. 2004 г. №1085（ред. от 31. 08. 2020）. Вопросы Федеральной службы по техническому и экспортному контролю［EB/OL］.［2022 – 5 – 29］. http：//www. kremlin. ru/acts/bank/21312.

② Постановление Правительства Российской Федерации от 1. 11. 2012 г. №1119. Об утверждении требований к защите персональных данных при их обработке в информационных системах персональных данных［EB/OL］.［2022 – 5 – 29］. https：//base. garant. ru/70252506/.

三、俄罗斯联邦技术和出口监督局颁布的部门法规

这主要包括《非涉密国家信息系统信息保护章程》《个人信息系统数据处理安全保障组织与技术措施章程》《关键信息基础设施生产与技术流程自动化管理系统信息保护章程》《信息安全威胁数据库条例》《软件与硬件漏洞信息列入信息安全威胁数据库章程》《判定信息技术保护工具与信息技术安全保护手段信任等级安全章程》等。这些部门法规主要明确了国家信息系统、个人信息系统及关键信息基础设施中漏洞的发现及相应安全防护措施等，以及漏洞数据库的建设、运营及维护等。俄罗斯联邦技术和出口监督局颁布的部门指导文件，主要包括《国家信息系统信息保护措施》《信息安全威胁数据库信息通报》《信息安全威胁评估方法》等。这些文件主要是对俄罗斯联邦技术和出口监督局颁布的一些部门法规的补充或说明，其本身虽然不具有法律强制性，但在网络空间安全漏洞管理体系中具有方法论上的指导意义。

第二节 俄罗斯网络空间安全漏洞管理体系的组织架构

俄罗斯网络空间安全漏洞管理体系的组织架构主要包括俄罗斯联邦技术和出口监督局、俄罗斯联邦技术调节与计量署、国家信息技术保护科学试验研究所、Linux 系统安全研究中心、信息安全威胁数据库企业协会等。这些机构、企业在网络空间安全漏洞管理体系的组织架构中处于不同的地位，分别担负不同的职责。

一、俄罗斯联邦技术和出口监督局

该局是俄罗斯网络空间安全漏洞管理体系组织架构中的领导管理机构，负责网络空间安全漏洞管理的全面工作，例如，起草制定国家漏洞管理政策，领导国家层面的漏洞研究、收集和利用工作等。该局中具体负责漏洞管理工作的

是其第二局，如其2015年颁布的《信息安全威胁数据库信息通报》就是由时任俄罗斯联邦技术和出口监督局第二局局长的B. C. 留契科夫签发的。

二、俄罗斯联邦技术调节与计量署

俄罗斯联邦技术调节与计量署在俄罗斯网络空间安全漏洞管理体系组织架构中负责漏洞管理的标准化工作，如制定涉及漏洞管理的国家标准。

三、国家信息技术保护科学试验研究所

国家信息技术保护科学试验研究所是俄罗斯联邦技术和出口监督局的下属机构，在俄罗斯网络空间安全漏洞管理体系组织架构中负责具体业务管理。它在网络空间安全漏洞管理体系组织架构中主要职责是：起草国家漏洞管理政策，评估国家漏洞威胁状况，领导漏洞研究，收集活动，以及组织关键信息基础设施漏洞防护活动，运营维护信息安全威胁数据库，制定漏洞扫描工具技术标准，对国内漏洞扫描工具进行鉴定和认证，培训漏洞防护专家，开发漏洞防护工具等。

四、Linux安全研究中心

该研究中心由俄罗斯联邦技术和出口监督局与俄罗斯科学院系统编程研究所于2021年3月开始合作创建，它是俄罗斯网络空间安全漏洞管理体系组织架构中负责领导Linux漏洞研究的关键机构。俄罗斯基于“视窗”系统漏洞频发严重威胁国家网络安全状况的考虑，自2010年开始研究基于开源的Linux内核的国产操作系统，到2018年国产操作系统Astra Linux系统问世并逐步在军方、国家机关、能源企业等推广应用。为了确保Linux系统的安全，俄罗斯联邦技术和出口监督局拨款3亿卢布用于创建Linux安全研究中心。① 该中心的主要

① ФСТЭК создаст центр проверки ОС на базе Linux для госсектора [EB/OL]. [2022-5-29]. https://www.securitylab.ru/news/516530.php.

任务是：领导 Linux 漏洞研究工作，分析 Linux 内核源代码，评估 Linux 安全风险，挖掘并修复基于 Linux 内核的操作系统的漏洞，测试 Astra Linux 系统安全并开发相应安全防护措施等。从 Linux 安全研究中心的主要任务可以看出，随着 Astra Linux 系统漏洞的发现和安全性的提高，俄罗斯关键信息基础设施面临网络攻击的风险将大幅降低。

五、信息安全威胁数据库企业协会

信息安全威胁数据库企业协会是由俄罗斯国家信息技术保护科学试验研究所倡导组建的，它在俄罗斯网络空间安全漏洞管理体系组织架构中主要负责参与起草国家漏洞管理政策，参与制定漏洞扫描工具技术标准，为信息安全威胁数据库运营维护提供技术支撑，研制并推广漏洞扫描工具等。目前，信息安全威胁数据库企业协会由俄罗斯国内 7 家从事漏洞研究的机构和企业组成，其中包括俄罗斯科学院系统编程研究所、俄罗斯基础信息技术公司、远景监测公司、梯队公司、信息保护平台公司、积极技术公司以及阿卢什塔软件公司等。

第三节　俄罗斯网络空间安全漏洞管理体系的信息平台

俄罗斯网络空间安全漏洞管理体系的信息平台是指由俄罗斯联邦技术和出口监督局主管、国家信息技术保护科学试验研究所负责运营维护的信息安全威胁数据库网站（bdu. fstec. ru）。该网站自 2015 年 3 月运营以来，在俄罗斯网络空间安全漏洞防护领域发挥了重要作用。

一、信息平台的主要数据库

（一）漏洞数据库

漏洞数据库作为该信息平台的核心数据库，尽管运行时间不长，但截至

2022 年 12 月已经收录漏洞信息 42975 条。相比其他官方漏洞数据库，俄罗斯的漏洞数据库具有以下几个特点：首先是对漏洞信息描述更全面。在其他官方漏洞数据库描述漏洞名称、编码、软件名称、漏洞类型、危害等级、威胁类型、发布时间、来源、补丁措施等信息之外，俄罗斯漏洞数据库还描述了漏洞威胁在通用漏洞评分系统（Common Vulnerability Scoring System，简称 CVSS）评分、漏洞涉及的软件的版本以及该软件涉及的操作系统和硬件平台、漏洞利用方式、漏洞当前状况、除通用漏洞披露（Common Vulneralbilities & Exposures，简称 CVE）外的其他著名漏洞数据库编码等信息，这对于更加规范、统一地描述漏洞具有重要意义。其次是漏洞查询方式更多样。相比其他官方漏洞数据库在提供漏洞查询时，一般仅按照漏洞名称、漏洞编码、漏洞类型、发布时间、软件厂商几种方式查询，俄罗斯的漏洞数据库还提供了诸如按照操作系统、漏洞状况、漏洞威胁等级、漏洞利用方式、软件版本或硬件平台、漏洞涉及的网络安全事件、其他漏洞数据库编码等方式进行查询，这就使得使用者能更加方便快捷地查询到需要的信息。最后是漏洞信息提取更多样。相比其他官方漏洞数据库为使用者提供漏洞信息时一般采取网页信息和 XML 数据文件两种方式，俄罗斯漏洞数据库还提供了 XLSX 文件，这就更加便于使用者提取漏洞信息。

（二）信息安全威胁数据库

与其他各国在建设漏洞数据库时主要收集、提供软件及硬件漏洞信息不同，俄罗斯还建设了信息安全威胁数据库，主要收集、提供非软件及硬件漏洞的网络安全威胁。该数据库在描述威胁时，主要提供威胁编码、威胁名称、威胁简介、威胁来源、威胁作用的目标以及威胁实现的后果等方面的信息。如编码“УБИ.001”的威胁名为“网格系统中恶意代码自动传播的威胁”，其威胁简介指出该威胁是由于网格计算的高自动化程度与低管理水平的弱点产生的，其威胁来源于网格系统内部或外部，其威胁作用的目标是网格系统的资源中心，其威胁实现的后果是破坏信息的机密性、完整性和可用性。截至 2022 年

12 月，该数据库已收录信息安全威胁 222 条。

（三）漏洞术语库

为了更好地规范漏洞管理工作，形成对漏洞管理的统一认知，该信息平台还建设了漏洞术语库。该术语库对漏洞及相关概念，如零日漏洞、未公开漏洞、软件漏洞、漏洞威胁等级等，依据国际技术标准、国家技术标准和相关国内法规等规范性文件进行了定义。截至 2022 年 12 月，该术语库已收录术语 66 条。

二、信息平台的主要功能

（一）漏洞信息收集

该信息平台收集的漏洞信息主要有两类来源渠道：一类是来自网络空间安全漏洞管理体系内部的漏洞信息，主要包括国家信息技术保护科学试验研究所、Linux 安全研究中心、信息安全威胁数据库企业协会等机构或企业。另一类是来自网络安全漏洞管理体系外部的漏洞信息，主要包括软件生产商以及其他大量俄罗斯漏洞研究人员、企业。为了吸引更多的研究人员和企业参与漏洞信息研究，共同提高俄罗斯网络安全防御能力，俄罗斯联邦技术和出口监督局在该信息平台设置了漏洞信息提交通报平台和漏洞研究排行榜。其中，漏洞信息提交通报平台可以让研究人员、企业实时查看自己提交的漏洞信息是否被漏洞数据库收录，而漏洞研究排行榜则将所有提交漏洞信息并被漏洞数据库收录的个人和企业按照提交漏洞数量、漏洞威胁等级评分等信息进行综合打分排名。为了彰显排行榜的公平、公正，进一步激发漏洞研究人员、企业开展漏洞研究的积极性，俄罗斯联邦技术和出口监督局还制定了向信息安全威胁数据库提供漏洞信息研究者排名规定。按照规定，研究者获得排行榜积分的条件有两个：第一是所提供漏洞信息此前未在威胁数据库或其他公开来源公布，第二是所提供漏洞信息是通过威胁数据库规定的渠道提交的。① 截至2022年12月，处在排行榜前三位的是一家企业俄罗斯电信公司－索拉尔［（Ростелеком－Солар），排名第一］和两名个人研究者［Д. Н. 贝尤（Д. Н. Бею）和卢卡·萨福诺夫（Лука Сафонов），分别排名第二和第三］。

（二）漏洞信息统计

该信息平台的漏洞信息统计主要采用两种类型：一种是常见的通过对漏洞信息进行数字编码进行统计，其漏洞信息数字编码格式为“BDU－XXXX－XXXXX”，其中BDU为漏洞数据库简写，第一组“XXXX”是漏洞信息收录到漏洞数据库的公历年份，第二组“XXXXX”是漏洞信息在该公历年份收录到漏洞数据库中的序号。另一种是按照不同规则通过统计图表来对漏洞信息进行统计。该信息平台目前主要呈现了6种漏洞信息统计图表：按照软件类别的漏洞分布图、按照威胁等级的漏洞分布图、按照漏洞错误类型的漏洞分布图、按照软件生产商划分的漏洞数量分布图、按照软件生产商划分的高危漏洞数量分布图和按照与网络安全事件相关的软件生产商漏洞数量分布图。例如据该信息平台统计，按照软件生产商划分的高危漏洞数量分布图显示，美国奥多比公司（Adobe Systems Inc.）生产的软件中的高危漏洞总量达1354个，占其漏洞数据库高危漏洞总量的28.3%。

（三）漏洞威胁评估

该信息平台目前提供了CVSS的V2、V3及V3.1三个版本，平台用户可以根据自己的需求自主选择不同版本，对已发现的漏洞进行自助式评估，从而更快确定漏洞的威胁程度以及所需应对措施的紧急程度和重要程度。

---

① Приложение №2 к Регламенту включения информации об уязвимостях программного обеспечения и программно－аппаратных средств в банк данных угроз безопасности информации ФСТЭК России. Определение рейтинга исследователей, предоставивших информацию об уязвимостях в Банк данных угроз［EB/OL］.［2022－5－29］. https://docs.cntd.ru/document/564200972.

（四）漏洞威胁扫描

针对国内个人、企业及国家机关信息系统普遍使用“视窗”操作系统或Linux操作系统存在较大漏洞安全隐患的现实，俄罗斯联邦技术和出口监督局联合俄罗斯网络安全企业阿尔斯特软件（Алтэкс－Софт）公司共同开发了漏洞扫描工具“ScanOVAL”，并将其部署在漏洞管理信息平台上供各类用户免费下载使用。“ScanOVAL”软件目前已发展至5.10.1版，并且针对“视窗”操作系统和基于Linux内核的Astra Linux 1.6 SE操作系统、Альт 9操作系统和Роса“Кобальт”操作系统开发出4个不同版本。用户下载并安装了“ScanOVAL”软件之后，它不仅可以帮助用户扫描并修复信息系统中所包含的漏洞，定期下载漏洞通报信息，还可以将扫描出的本地漏洞信息上报到国家漏洞数据库。

（五）漏洞信息通报

该信息平台的漏洞信息通报目前主要采取3种方式，即通过网站发布新闻信息的形式、通过推特发布推文的形式以及基于RSS和Atom标准的订阅发布系统。相比前两种传统漏洞信息通报形式，基于RSS和Atom标准的订阅发布系统对于信息平台和平台用户来说，漏洞信息服务更加精准、漏洞信息更新更加及时、漏洞信息利用更加高效。目前该信息平台提供了基于RSS1.0、RSS2.0和Atom1.0的3个版本的3种订阅服务，可以订阅最近更新的漏洞、最近7天更新的高危漏洞和最近被用于网络攻击的20个漏洞等。

三、信息平台的漏洞管理工作流程

按照俄罗斯联邦技术和出口监督局颁布的《软件与硬件漏洞信息列入信息安全威胁数据库章程》的规定，信息平台的漏洞管理工作流程主要包括：

（一）漏洞获取阶段

按照章程规定，信息平台获取漏洞信息的方式主要是采取专用电子邮箱加PGP（Pretty Good Privacy，优良保密协议）加密的方式，各种研究机构、企业及个人在向信息平台提供漏洞信息时，必须遵守俄罗斯个人数据保护的相关法律法规及信息平台用户协议。平台各类用户所提交的漏洞信息应采用标准格式，主要包含漏洞名称及描述、漏洞发现时间、受影响的软件及版本号、受影响软件的生产商及联系方式、漏洞适用的操作系统或硬件平台类型的名称、根据CVSS第三个版本评估的漏洞威胁等级及评分、漏洞验证资料、提交人员或机构联系方式等信息。①

（二）漏洞处置阶段

信息平台获取来自软件生产商或漏洞研究机构、个人提交的漏洞信息后，对漏洞信息的处置一般按照以下步骤进行。

第一步是验证评估漏洞。信息平台收到漏洞信息后应在规定时间内完成对漏洞的验证、威胁等级评估，并将其与信息平台的漏洞数据库进行对比（若属于漏洞数据库已收录漏洞信息，则将数据库中的漏洞描述信息反馈给漏洞信息提供者）。

第二步是对漏洞进行临时编码，若属于漏洞数据库未收录漏洞，信息平台将该漏洞信息以“BDU－Z－XXXX－XXXXX”格式编码，其中“Z”代表此编码为临时编码。然后将临时编码及相应漏洞信息反馈给漏洞信息提供者。

第三步是开发漏洞修复措施。漏洞信息提供者（一般为软件生产商）收到漏洞临时编码信息后，应根据漏洞威胁等级在相应规定时间内开发漏洞修复措施。若漏洞信息提供者无法开发漏洞修复措施，则信息平台运营主体国家信息技术保护科学试验研究所将采取与漏洞信息提供者合作或独立的方式完成漏洞修复措施开发。

第四步是正式编码。在完成漏洞修复措施开发后，信息平台对漏洞信息以“BDU－XXXX－XXXXX”格式进行正式编码，并将其录入漏洞数据库，同时将

---

① Регламент включения информации об уязвимостях программного обеспечения и программно－аппаратных средств в банк данных угроз безопасности информации ФСТЭК России（утв. ФСТЭК России 26. 06. 2018）［EB/OL］.［2022－5－30］. https：//bdu. fstec. ru/site/regulations.

漏洞正式编码信息反馈给漏洞信息提供者。

（三）漏洞发布阶段

按照《软件与硬件漏洞信息列入信息安全威胁数据库章程》的规定，采取在信息安全威胁数据库中公布有正式编码的漏洞描述信息的方式实现漏洞发布，公布时限根据漏洞威胁等级不同而调整。在信息安全威胁数据库中公布漏洞信息需要考虑符合以下 4 个条件之一：当其他公开漏洞数据库或公开来源公布了漏洞信息时，当漏洞软件生产商已经向信息安全威胁数据库提供了漏洞信息及其修复措施时，当软件生产商没有根据相关法律规定采取漏洞修复措施时，当缺乏漏洞软件生产商或其技术支持服务商联系方式时。信息平台在发布漏洞的同时，需要对漏洞提交者根据已公布的提供软件漏洞信息研究人员排名确定规则进行排名（漏洞提交者不同意的除外），并将排行榜信息公布在信息平台上。

第四节　俄罗斯网络空间安全漏洞管理体系的国家标准

目前俄罗斯已经制订并颁布的关于漏洞管理的国家标准主要有两份文件，《信息保护 信息系统漏洞 漏洞描述规范》（ГОСТ Р 56545－2015）和《信息保护 信息系统漏洞 信息系统漏洞分类》（ГОСТ Р 56546－2015）。从文件形成的流程来看，这两份文件都是由俄罗斯信息安全企业信息安全中心起草，由俄罗斯信息保护标准化技术委员会提交，最终由俄罗斯联邦技术调节与计量署于 2015 年签署命令颁布，且都在 2018 年进行了修订。从文件的结构上看，两份文件都包含适用范围、规范性引用文件、术语与定义、主要条款等内容，不同的是，《信息保护 信息系统漏洞 漏洞描述规范》最后一部分内容是漏洞描述的内容及结构，而《信息保护 信息系统漏洞 信息系统漏洞分类》的最后一部分内容是漏洞分类。从文件的实际应用来看，这两份文件所确定的技术标准已经在俄罗斯国内网络安全漏洞研究和管理中被广泛使用。从国家标准的命名规则上看，这两份文件同属于“信息系统漏洞”类目的国家标准，由此推测俄罗斯未来可能还会颁布其他有关漏洞管理的国家标准，如目前处于草案状态的《信息保护 信息系统漏洞 信息系统漏洞发现与评估规范》国家标准可能经信息保护标准化技术委员会审核完成后提交给俄罗斯联邦技术调节与计量署正式颁布。

一、《信息保护 信息系统漏洞 漏洞描述规范》

《信息保护 信息系统漏洞 漏洞描述规范》主要提供了漏洞描述的要素及内容的一般要求，适用于对已知漏洞、零日漏洞等进行描述，目的是促进信息系统漏洞分析工作中对漏洞进行准确识别和深入分析。从漏洞描述的要素来看，该标准将漏洞描述信息分为 4 个层次的信息：为了精准识别漏洞，其描述信息应当包含漏洞标识符、漏洞名称、漏洞类别和软件名称及其版本等信息；为了深入分析信息系统漏洞，其描述信息应当包含缺陷类型的标识符、缺陷的类型、缺陷产生的地方、发现漏洞的方法、消除漏洞的可能措施等信息；为了充实漏洞的细节信息，其描述信息应当包含操作系统名称及硬件平台类型、软件编程语言、漏洞威胁等级、其他漏洞数据库漏洞描述标识、漏洞发现时间、漏洞发现者等信息；为了进一步完善信息系统漏洞描述信息，还应当包含软件配置描述、漏洞利用所需权限描述、漏洞利用可能导致的威胁描述、漏洞消除措施公布的时间等信息。在明确了漏洞描述信息要素的基础上，该标准又进一步规定了描述每个要素的规范表述，并以举例的形式做了详细说明。

二、《信息保护 信息系统漏洞 信息系统漏洞分类》

《信息保护 信息系统漏洞 信息系统漏洞分类》主要提供了漏洞分类的指标和漏洞的具体分类方式及类别等内容，适用于在网络空间安全工作中的漏洞分类及危害评估。为了对漏洞进行科学合理的分类，该标准主要考虑了漏洞来源的领域、信息系统缺陷的类型和信息系统漏洞产生的地方等。除此之外，该标准还参考了漏洞在公开漏洞数据库中的搜索特征，如操作系统名称、硬件平台类型、软件名称及其版本、漏洞威胁等级、编程语言类型和用于软件运行的端口等。按照来源领域来划分，漏洞可以分为5种，即代码漏洞、设计漏洞、结构漏洞、组织漏洞和复合漏洞。按照信息系统缺陷类型来划分，漏洞可以划分为20种，即软件参数配置不当缺陷、数据录入检查不完全缺陷、目录读取路径缺陷、操作系统指令执行能力缺陷、执行脚本缺陷、编程语言执行缺陷、任意代码注入缺陷、资源管理缺陷、密码重置缺陷等。按照信息系统漏洞产生的地方划分，漏洞可以划分为7种，即通用软件漏洞、应用软件漏洞、专用软件漏洞、技术设备漏洞、便携式技术设备漏洞、网络（通信及电信）设备漏洞、信息保护设备漏洞。

第五节　俄罗斯网络空间安全漏洞管理体系的主要特点

一、顶层设计规划基本完备

俄罗斯为了摆脱漏洞管理的后发劣势，网络空间安全漏洞管理体系建设之初就围绕漏洞全生命周期致力于构建完备的顶层设计规划。首先，通过颁布相关法律法规明确了漏洞管理相关主体的权利与义务，为网络空间安全漏洞管理体系建设提供了法律保障。其次，通过颁布国家标准明确了漏洞管理的基本技术规范，这为漏洞管理的标准化工作奠定了技术遵循。最后，通过层级式授权构建了网络空间安全漏洞管理体系的运行核心，即一个联邦行政管理机关——俄罗斯联邦技术和出口监督局；一个业务管理部门——国家信息技术保护科学试验研究所；一个功能完备的信息平台——信息安全威胁数据库网站。网络空间安全漏洞管理体系运行核心的构建，为俄罗斯网络空间安全漏洞管理体系的发展完善、赶超其他国家漏洞管理能力和水平奠定了坚实的基础。

二、管理贯穿漏洞生命周期

围绕漏洞生命周期进行全流程管理是实施漏洞管理的关建。国家信息技术保护科学试验研究所作为俄罗斯漏洞管理的业务主管部门，基于信息安全威胁数据库网站这一信息平台，将督促核查贯穿于漏洞的全生命周期。在漏洞的发现阶段，国家信息技术保护科学试验研究所主要通过以下方式实施管理：一是通过及时更新公布漏洞能力排行榜的方式引导各类漏洞研究机构、企业或个人开展漏洞研究；二是通过引导信息平台用户安装部署各种版本的漏洞扫描器，直接接收漏洞报告。在漏洞接收阶段，国家信息技术保护科学试验研究所主要通过信息平台接收来自不同漏洞提交者及漏洞扫描器提交的漏洞信息。在漏洞验证阶段，国家信息技术保护科学试验研究所主要对漏洞提交信息中相应的验证手段及方法进行核查和再验证，同时根据漏洞提交者身份的不同以及漏洞属于已发现漏洞还是新发现漏洞的不同，在相应规定时间内给予不同反馈。在漏洞处置阶段，国家信息技术保护科学试验研究所首先是督促漏洞软件生产商开发漏洞消除措施，当条件不具备时，再以合作或独立的方式开发相应的漏洞处置措施，然后将漏洞消除措施反馈给漏洞软件生产商。在漏洞发布阶段，当漏洞信息收录到漏洞数据库后，国家信息技术保护科学试验研究所根据漏洞软件生产商反馈的漏洞消除措施发布实施的情况，正式将漏洞信息在信息平台公布，以进一步促进漏洞的修复。

三、主要服务俄语网络用户

在漏洞管理信息平台建立之前，俄罗斯网络用户的漏洞安全防护能力的建立主要立足于一些国际通用漏洞数据库或国内漏洞研究企业建设的漏洞数据库，但其不足也比较明显：国际通用漏洞数据库通常基于英语用户而建设，漏洞信息描述并不完备；而俄罗斯国内漏洞数据库虽然有部分数据库主要面向俄语用户，但漏洞收录数量相对较少且漏洞描述缺乏统一规则的缺点也比较明显。而随着信息安全威胁数据库的建立和网络安全漏洞管理体系建设的逐步完善，尤其是伴随国产 Astra Linux 系统应用推广而快速发展的 Linux 内核漏洞挖掘能力的建设，俄罗斯网络用户也逐步获得较高水平的漏洞安全服务。

四、重视漏洞挖掘能力建设

在俄罗斯网络空间安全漏洞管理体系的发展进程中，漏洞挖掘能力建设是其重中之重，它直接决定着网络空间安全漏洞管理体系能力、水平的高低。俄罗斯重视漏洞挖掘能力主要体现在以下几个方面：首先是大力发展专业漏洞研究机构。作为漏洞管理的业务部门，国家信息技术保护科学试验研究所不仅直接开展漏洞研究，同时还以投资合作建设研究机构、政策主导发展漏洞研究企业协会、发布排行榜引导相关企业竞相开展漏洞研究等方式不断扩大专业漏洞研究机构的数量。其次是主导推动漏洞扫描工具的研制推广。俄罗斯将漏洞扫描工具视为快速提升漏洞挖掘能力的重要手段，始终给予高度关注。按照《修改俄罗斯联邦技术和出口监督局条例》总统令的规定，俄罗斯联邦技术和出口监督局拥有对漏洞扫描工具的研制、推广的审查与认证权利。基于这一条款，俄罗斯联邦技术和出口监督局一方面鼓励国内网络安全企业开展漏洞扫描工具的开发，另一方面直接与相关企业合作开发漏洞扫描工具，并在此基础上通过颁发认证资格和在信息平台部署漏洞扫描工具的方式促进国内漏洞挖掘能力的提高。最后是建设秘密漏洞数据库。按照《信息安全威胁数据库条例》的规定，信息安全威胁数据库的建设分公开漏洞数据库和秘密漏洞数据库两个部分。在秘密漏洞数据库的建设中，漏洞信息的主要来源有：一是来自信息平台获取的漏洞信息。按照《软件与硬件漏洞信息列入信息安全威胁数据库章程》的规定，信息平台在获取漏洞信息后，必须同步向俄罗斯联邦技术和出口监督局的专用电子邮箱发送漏洞信息，俄罗斯联邦技术和出口监督局根据相关法律规定可以在相应时间内决定是否公开该漏洞信息，以及是否将其收录到秘密数据库。二是来自国家信息技术保护科学试验研究所及其直接管理的漏洞研究机构提供的漏洞信息。通过建设秘密漏洞数据库，俄罗斯将其漏洞挖掘能力实现了内外隔离，这对促进俄罗斯漏洞挖掘及利用能力具有重要意义。

五、军方参与影响程度较高

网络空间安全漏洞管理体系建设作为俄罗斯国家漏洞安全防护能力发展的关键，俄罗斯军方对其有较高的参与度和影响力。这主要体现在以下方面：一方面，俄罗斯联邦技术和出口监督局作为联邦机构，本身就是俄罗斯联邦国防部的下属部门，它由俄罗斯联邦总统授权国防部实施管理。基于这一管理体系，俄罗斯网络空间安全漏洞管理体系尽管行政管理归属于俄罗斯联邦技术和出口监督局，但其领导机构实质上是俄国防部。另一方面，俄罗斯联邦国防部直接参与了网络空间安全漏洞管理体系国家标准建设。在审核提交漏洞管理国家标准的工作中，俄罗斯联邦国防部直属的第三、第六、第二十七中央研究所作为俄罗斯信息保护标准化技术委员会的成员直接参与了网络空间安全该项工作。此外，作为已颁布漏洞管理国家标准的起草者的信息安全中心，其现在虽然属于商业企业，但前身实际上是国防部某直属研究所的内设研究部门，直到现在仍与国防部有着密切的合作关系。通过这些方式和途径，俄罗斯军方深度介入俄罗斯网络空间安全漏洞管理体系。

第八章　俄罗斯国家网络空间靶场体系

网络空间靶场作为应对网络空间安全威胁、实施网络攻防演练的重要信息基础设施，是国家网络空间安全能力的核心要素之一，其建设发展受到各国重视。为了确保本国信息基础设施安全，进而能够在国际网络空间竞争中获得优势，各国都把建设国家网络空间靶场作为国家网络空间安全建设的重中之重。日本在2002年启动了国家网络空间靶场项目“星平台”（StarBed）系统的建设。美国在2008年启动“国家网络安全综合计划”，将建设国家网络空间靶场作为该计划的重要组成部分。2010年10月，英国宣布建设国家级网络实验靶场。2014年，欧盟启动网络空间靶场合作共享计划，开始建设欧洲联合网络空间靶场。2018年12月，俄罗斯联邦总统战略发展与国家项目委员会批准了《俄罗斯联邦国家数字经济纲要》。该国家规划中的《信息安全联邦项目》首次提出建设国家网络空间靶场体系的目标。相比其他各国，俄罗斯国家网络空间靶场体系的启动建设尽管时间较短，但已经取得初步建设成效。研究俄罗斯国家网络空间靶场体系建设，科学借鉴其建设经验，对于建设中国国家网络空间靶场具有重要启示意义。

第一节　俄罗斯国家网络空间靶场体系的基本情况

按照俄罗斯联邦政府2019年10月颁布的《联邦预算拨款用于创建和运营

网络空间靶场以培训信息安全与信息技术领域人员、专家和管理者》政府法令的规定，网络空间靶场是用于训练信息安全和信息技术领域人员、专家和管理者实践技能以及通过模拟计算机攻击和训练响应来测试软件、硬件的基础设施。① 俄罗斯国家网络空间靶场体系就是指围绕由联邦预算保障的国家网络空间靶场的建设所形成的一整套法律法规、组织体系、基础设施等的总和。

一、法律基础

围绕国家网络空间靶场的建设，俄罗斯目前已经形成包括总统令、联邦法、政府法令、部门法规等在内一系列的法律法规，这为俄罗斯国家网络空间靶场体系的建设发展奠定了坚实的法律基础。

1. 总统令：《俄罗斯联邦信息安全学说》。该学说明确将提高关键信息基础设施的防御能力和运行稳定性，发展预警机制、威胁通报机制和消除影响机制，避免由于关键信息基础设施突发事件产生影响作为保障国家信息安全的主要方向。②

2. 联邦法：《俄罗斯联邦关键信息基础设施安全法》。按照该联邦法的规定，联邦执行权力机关负责俄罗斯关键信息基础设施安全保障，应规划、制定、完善和改进关键信息基础设施的安全保障措施，采取组织和技术措施确保关键信息基础设施安全。③

---

① Постановление Правительства Российской Федерации от 12. 10. 2019 г. №132. Об утверждении Правил предоставления субсидий из федерального бюджета на создание киберполигона для обучения и тренировки специалистов и экспертов разного профиля, руководителей в области информационной безопасности и информационных технологий современным практикам обеспечения безопасности [EB/OL]. [2022 - 6 - 3]. http://government.ru/docs/all/124190/.

② Указ Президента Российской Федерации от 05. 12. 2016 г. №646. Об утверждении Доктрины информационной безопасности Российской Федерации [EB/OL]. [2022 - 6 - 3]. http://www.kremlin.ru/acts/bank/41460.

③ Федеральный закон от 26. 07. 2017 №187 - ФЗ. О безопасности критической информационнойинфраструктуры Российской Федерации [EB/OL]. [2022 - 6 - 3]. http://www.kremlin.ru/acts/bank/42128/page/1.

3. 政府法令：《联邦预算拨款用于建设和运营网络空间靶场以培训信息安全与信息技术领域人员、专家和管理者》。该法令主要对建设网络空间靶场提供联邦预算的程序、规则及标准做了明确规定。

4. 部门法规：由俄罗斯联邦总统战略发展与国家项目委员会批准的《俄罗斯联邦国家数字经济纲要·信息安全联邦项目》和俄罗斯联邦数字发展、通信和大众传媒部制定公布的《建设网络空间靶场以培训现代安全保障信息安全与信息技术领域人员、专家和管理者工作指南》。《俄罗斯联邦国家数字经济纲要·信息安全联邦项目》第一次提出“利用网络空间靶场培训信息安全与信息技术领域人员、专家和管理者”[1] 的建设目标。而《建设网络空间靶场以培训现代安全保障信息安全与信息技术领域人员、专家和管理者工作指南》主要是对国家网络空间靶场体系建设的具体任务和目标做了细化和明确。

二、发展进程

自 2018 年 12 月《俄罗斯联邦国家数字经济纲要·信息安全联邦项目》提出建设国家网络空间靶场的目标后，俄罗斯联邦数字发展、通信和大众传媒部作为主体责任单位开始着手建设俄罗斯国家网络空间靶场体系。2019 年 6 月，联邦数字发展、通信和大众传媒部按照《俄罗斯联邦国家数字经济纲要·信息安全联邦项目》的具体要求，起草了《联邦预算拨款用于创建和运营网络空间靶场以培训信息安全与信息技术领域人员、专家和管理者（草案)》。2019 年 9 月，俄罗斯联邦数字发展、通信和大众传媒部，俄罗斯联邦远东与北极发展部，远东联邦大学和俄罗斯电信公司签署协议，将合作建立远东网络空间靶场中心。2019 年 10 月，俄罗斯联邦政府批准颁布了《联邦预算拨款用于创建和

① Паспорт национальной программы. Цифровая экономика Российской Федерации (утв. президиумом Совета при Президенте Российской Федерации по стратегическому развитию и национальным проектам 24. 12. 2018 г. №16) [EB/OL]. [2022 - 6 - 3]. http: //government. ru/info/35568/.

运营网络空间靶场以培训信息安全与信息技术领域人员、专家和管理者》政府法令，这标志着俄罗斯创建国家网络空间靶场的工作正式启动。

2019 年 12 月，俄罗斯联邦数字发展、通信和大众传媒部组织竞标委员会就利用联邦预算创建国家网络空间靶场进行了招标，俄罗斯电信公司下属网络安全领域子公司俄罗斯电信公司－索拉尔赢得约 3.65 亿卢布联邦预算的竞标。[①] 2020 年 9 月，俄罗斯电信公司－索拉尔与主要从事金融网络安全的公司黛索非特（Диасофт）签署了合作创建金融业网络空间靶场的协议。之所以将国家网络空间靶场的第一个关键信息基础设施行业网络空间靶场部署在金融业，俄罗斯电信公司－索拉尔网络威胁监测与应对中心认为，2019 年俄罗斯大约 1/5 的网络攻击都是针对银行的。入侵者的技术和工具不断改进，黑客渗透到任何金融和信贷组织的基础设施都是一个时间问题。因此，在早期阶段发现攻击并对其进行快速有效的反制是必须的。[②] 2020 年 11 月，俄罗斯电信公司－索拉尔与天狼星科技大学在索契联邦直辖区合作建成国家网络空间靶场的分靶场。2021 年 3 月，俄罗斯联邦中央银行在国家网络空间靶场举行了首次网络演习，目的是测试俄罗斯联邦中央银行信息安全司制定的应对网络攻击措施的有效性及俄罗斯联邦中央银行信息技术设施的安全风险。2021 年 5 月，俄罗斯联邦政府组织了第一次关于国家网络空间靶场体系建设的会议。俄罗斯联邦政府副总理德米特里·切尔内申科在会上指出，“2021 年上半年俄罗斯已经在 5 个网络空间靶场进行了网络演习”，“我们将继续增加网络空间靶场的数量以保护更多行业领域的关键信息基础设施”，“计划到 2024 年底建成适用于各个领域关键信息基础设施的网络空间靶场体系”。[③] 2021

① “Ростелеком” получит субсидию на создание киберполигона［EB/OL］.［2022－6－3］. https：//rt－solar. ru/events/news/1759/.

② “Ростелеком” и “Диасофт” заключили стратегическое соглашение о партнерстве в рамках создания киберполигона［EB/OL］.［2022－6－3］. https：//news. myseldon. com/ru/news/index/236872285.

③ Д. Чернышенко：На пяти киберполигонах пройдут учения в 2021 году［EB/OL］.［2022－6－3］. http：//government. ru/news/42174/.

年6月，俄罗斯联邦能源部组织国内电力行业主要关键信息基础设施主体公司进行了首次能源行业领域大规模网络演习，实际检验了电力行业关键信息基础设施应对网络攻击的能力和水平。

2021年10月，俄罗斯联邦政府副总理德米特里·切尔内申科宣布，国家网络空间靶场体系将进一步扩大规模，“从2021年起商业公司的网络空间靶场可以自愿加入国家网络空间靶场体系，这可以极大提高国家网络空间靶场的集成性和专业性”,① 这标志着俄罗斯国家网络空间靶场体系的建设进入新的发展时期。2022年1月，俄罗斯电信公司－索拉尔与圣彼得堡国立电信大学合作创建了国家网络空间靶场西北联邦教育中心。俄罗斯国家网络空间靶场体系的基础设施已经形成包括1个中心靶场（位于莫斯科）、4个地区分靶场（分别位于符拉迪沃斯托克、索契、新西伯利亚、圣彼得堡）、2个国家关键信息基础设施行业靶场（金融业、电力行业）。

三、组织架构

俄罗斯国家网络空间靶场体系发展至今，已经形成初步的组织架构。目前，俄罗斯国家网络空间靶场体系的组织管理工作主要由俄罗斯联邦数字发展、通信和大众传媒部网络空间安全司，俄罗斯电信公司－索拉尔，远东联邦大学，天狼星科技大学，西伯利亚国立电信与信息大学，圣彼得堡国立信息技术、机械与光学大学，以及黛索非特公司，电力传输与分布式智能电网技术创新中心等私营商业公司完成。

其中，俄罗斯联邦数字发展、通信和大众传媒部网络空间安全司代表联邦政府对整个国家网络空间靶场体系建设进行监管，包括联邦预算的审批拨付、相关机构的资质审核、项目建设的成果鉴定等。俄罗斯电信公司－索拉尔作为国家网络空间靶场体系建设的主要技术责任单位，负责对国家网络空间靶场体

① “Национальный киберполигон” будет интегрировать частные компании [EB/OL]. [2022－6－5]. https://ria. ru/20211015/kiberpoligon－1754724317. html.

系建设进行总体设计和具体部署，如组织建设国家网络空间靶场的中心靶场、地区分靶场和国家关键信息基础设施行业靶场，组织网络空间靶场基础设施性能测试，配合政府部门进行国家关键信息基础设施行业网络演习，对政府部门、国家关键信息基础设施行业网络安全人员及教育机构相关专业学生进行技术培训及技能鉴定等。为了顺利完成国家网络空间靶场体系的建设任务，俄罗斯电信公司－索拉尔成立了专门的项目团队。该项目团队内部设立了国家网络空间靶场顾问、国家网络空间靶场技术组、国家网络空间靶场基础设施建设组、国家网络空间靶场测试组、国家网络空间靶场发展方向组等具体业务团队。远东联邦大学、天狼星科技大学、西伯利亚国立电信与信息大学和圣彼得堡国立信息技术、机械与光学大学在俄罗斯电信公司－索拉尔指导下主要负责建设和运营国家网络空间靶场的地区分靶场，为中心靶场提供技术、设施保障，配合地区政府部门进行网络演习，对地区政府部门、国家关键信息基础设施行业网络安全人员及教育机构相关专业学生进行技术培训和技能鉴定等。黛索非特公司和电力传输与分布式智能电网技术创新中心在俄罗斯电信公司－索拉尔指导下主要负责建设和运营国家关键信息基础设施金融行业网络空间靶场和电力行业网络空间靶场，为中心靶场提供技术、设施保障，保障国家关键信息基础设施行业网络演习，对相关国家关键信息基础设施行业网络安全人员进行技术培训及技能鉴定等。

第二节　俄罗斯国家网络空间靶场体系的构想规划

国家网络空间靶场体系作为列入《俄罗斯联邦国家数字经济纲要·信息安全联邦项目》的重大建设项目，俄罗斯联邦数字发展、通信和大众传媒部和作为主体责任单位的俄罗斯电信公司－索拉尔对其建设发展进行了细致的论证分析，提出明确的总体构想及建设规划。

一、总体构想

俄罗斯联邦数字发展、通信和大众传媒部认为，建设国家网络空间靶场的目的在于提高俄罗斯信息安全保障水平，而俄罗斯电信公司－索拉尔作为具体的建设主体，则把国家网络空间靶场定位成“检验俄罗斯网络安全的主要工具”①。俄罗斯国家网络空间靶场建设的总体构想包括任务域、应用域和行业域三个层面。

从任务域层面来看，国家网络空间靶场主要完成4个方面的任务：提升俄罗斯各机构、组织信息和工业自动化基础设施的软件、硬件安全水平，促进俄罗斯各机构、组织间的信息安全保障经验的交流，发展俄罗斯信息安全领域人力资源潜能，完善俄罗斯各机构、组织信息安全的方法、法律保障进程。

从应用域层面来看，国家网络空间靶场主要有3个应用领域：实施网络演习，测试信息和工业系统网络安全，评估和发展网络安全技能。

从行业域层面来看，国家网络空间靶场主要适用于政府机构、教育机构关键信息基础设施以及《俄罗斯联邦关键信息基础设施安全法》所明确的13个行业领域的关键信息基础设施，即医疗卫生、科学、运输、通信、能源、银行与金融、燃料动力、原子能、国防工业、火箭航天工业、采矿业、冶金业和化工业。②

二、建设规划

国家网络空间靶场体系作为《俄罗斯联邦国家数字经济纲要·信息安全

---

① Национальный киберполигон：основной инструмент проверки кибербезопасности России［EB/OL］.［2022－6－5］. https：//cybermir. ru/uploads/portable-document-format/1－03－BL－CM－02. pdf.

② Федеральный закон от 26. 7. 2017г. №187 － ФЗ. О безопасности критической информационной инфраструктуры Российской Федерации［EB/OL］.［2022－6－5］. https：//base. garant. ru/71730198/.

联邦项目》的规划建设项目，按照该文件的规定，建设的起止时间为2019年12月31日至2024年12月31日。国家网络空间靶场体系的整体建设周期共计5年：2020年为第一阶段，2021年为第二阶段，2022年为第三阶段，2023年和2024年为第四阶段。为了有序推进国家网络空间靶场体系建设，俄罗斯联邦数字发展、通信和大众传媒部和作为主体责任单位的俄罗斯电信公司－索拉尔按照规划时间节点共同拟制了国家网络空间靶场建设发展规划。

第一阶段截至2020年12月31日，主要完成三项任务，即基础设施的准备、基本功能单元的实现以及在部分关键信息基础设施行业的应用。其中基础设施的准备主要包括20个服务器、部分行业硬件装备、部分行业软件以及信息保护设施，基本功能单元的实现主要包括网络演习、网络攻击脚本数据库和网络攻击系统设计等，而关键信息基础设施行业的应用则计划初步在国家机关、通信、金融、财政、电力能源等领域实现。

第二阶段截至2021年12月31日，主要完成两项任务，即新的能力的形成和实现在更多关键信息基础设施行业的应用。新的能力的形成主要包括对常规网络攻击的防御以及“道德黑客”（即有技术认证的黑客技术人员）群体的培育，而更多关键信息基础设施行业的应用主要涉及石油、天然气开采行业和石油、天然气传输行业。

第三阶段截至2022年12月31日，主要完成两项任务，即新的能力的形成和开展面向特定群体的服务。新的能力的形成主要包括网络安全“红队联盟”（即网络攻击测试人员群体）的培育、网络安全团队对抗演练和渗透测试专家群体的培育等，开展面向特定群体的服务主要包括与国家计算机攻击监测、预警和后果消除体系合作开展网络演习、网络安全运营中心培训等。

第四阶段截至2024年12月31日，主要完成两项任务，即开展定制服务和在更多关键信息基础设施行业的应用。开展的定制服务主要包括面向相关机构网络安全主管的业务培训和开展跨地域、跨行业领域的网络演习，而在更多关键信息基础设施行业的应用主要涉及电信、交通和冶金业等。① 从国家网络空间靶场体系的建设实践来看，其发展进程基本顺利。按照俄罗斯电信公司 - 索拉尔国家网络建设靶场顾问 O. Д. 阿尔汗格里斯基的说法，截至 2021 年 6 月，国家网络空间靶场已经组织完成 4 次网络演习，培训相关技术专家 100 余名，已经在部分国家机关通信网络、电力能源企业和金融财政机构实现应用，并完成在莫斯科、索契和符拉迪沃斯托克等地的 3 个地区分靶场的建设。②

第三节　俄罗斯国家网络空间靶场建设的目标要求

国家网络空间靶场体系的建设除了要有完善的法律法规基础及组织管理体系的保障，更需要有明确的指标要求。为此，俄罗斯联邦数字发展、通信和大众传媒部在已公布的《建设网络空间靶场以培训现代安全保障信息安全与信息技术领域人员、专家和管理者工作指南》中，规定了具体的建设目标和要求。

一、总体目标

国家网络空间靶场体系的建设的核心任务是建设一批高质量的网络空间靶场，从而真正有效地提高俄罗斯的信息安全保障水平。为了实现这一目标，《建设网络空间靶场以培训现代安全保障信息安全与信息技术领域人员、专家和管理者工作指南》规定，建成的国家网络空间靶场必须能够实现如下目标：

一是能够提高信息技术、信息安全和工业自动化领域从业人员在识别计算机攻击、调查信息安全事件、协作预防计算机攻击等方面的训练水平；二是为信息技术、信息安全和工业自动化领域从业人员提供网络演习、网络安全竞赛

① Национальный киберполигон. Основной инструмент проверки кибербезопасности России [EB/OL]. [2022 - 6 - 6]. https://cybermir.ru/uploads/portable - document - format/1 - 03 - BL - CM - 02.pdf.

② Архангельский О Д. Национальный киберполигон: от теории к практике [EB/OL]. [2022 - 6 - 6]. https://infoforum.ru/conference/ugra - 2021.

和信息安全网络培训等服务；三是测试一般自动化系统、工业自动化系统及工业互联网网络安全组件中的软件和硬件设施安全；四是举行公开的漏洞搜索竞赛以及测试网络空间靶场平台上部署的拥有俄罗斯自主知识产权的软件；五是为俄罗斯联邦技术和出口监督局漏洞数据库提供漏洞信息。①

二、技术要求

国家网络空间靶场是建立在一系列软件和硬件等技术设施上的信息化平台，它是网络空间靶场能够正常运行的物质基础。按照《建设网络空间靶场以培训现代安全保障信息安全与信息技术领域人员、专家和管理者工作指南》的规定，信息技术领域国家网络空间靶场的技术基础设施由 3 大模块构成：进行网络演习或网络安全竞赛的基础设施、进行网络安全防护研究的基础设施和培训网络安全专家的基础设施。其中，用于网络演习或网络安全竞赛的基础设施应具备如下条件：面向俄罗斯金融财政机构的网络空间靶场，需建设 2 套模拟金融财政机构网络体系的信息技术基础设施，其中每套信息技术基础设施应包括不少于可模拟 100 个工作站的服务器、50 台虚拟机、10 套信息技术基础设施和 3 套应用程序；可以对关键信息基础设施实施模拟网络攻击，而且具备远程接入功能的信息系统；关键信息基础设施网络安全事件监测和管理工具；模拟标准用户操作（如访问网络资源、管理和收发邮件、文件存储等）的工具；根据计算机网络基础实施自动化网络攻击的工具；网络演习或网络安全竞赛进程的可视化工具等。用于培训网络安全专家的基础设施应具备如下条件：培训信息安全技能的基础设施应包括测试和培训网络安全专家执行网络安全规则及预防钓鱼攻击等网络攻击方式的

---

① Национальная программа “Цифровая экономика Российской Федерации” Федеральный проект “Информационная безопасность” Выполнение работ по созданию киберполигона для обучения и тренировки учащихся, специалистов и экспертов разного профиля, руководителей в области информационной безопасности и ИТ современным практикам обеспечения безопасности [EB/OL]. [2022 - 6 - 6]. https: //digital. gov. ru/uploaded/files/03kiberpoligontz. pdf.

信息平台；培训防御“未授权访问”技能的基础设施应包括来源于两家以上生产商的产品或技术，如商业操作系统的安全软件、防病毒安全软件及等，以区分不同类型的网络访问；培训计算机网络安全技能的基础设施应包括来源于2家以上网络防火墙、网络攻击监测系统等产品或技术；培训“网络应用程序安全”技能的基础设施应包括来源于2家以上的网络应用程序跨平台制造商的技术和产品；用于培训网络安全专家的基础设施应能够满足至100人同时在线培训。此外，按照《建设网络空间靶场以培训现代安全保障信息安全与信息技术领域人员、专家和管理者工作指南》的规定，工业领域国家网络空间靶场的技术基础设施由4大模块构成：可以模拟工业领域电网设施等功能的工业互联网和自动化控制系统的信息基础设施，可以进行研究的信息基础设施，可以组织和进行漏洞搜索和具有自主知识产权的国产软件安全测试的信息基础设施，以及可以进行网络竞赛和网络安全演习的信息基础设施等。

三、安全要求

国家网络空间靶场作为提升俄罗斯网络空间安全水平的重要工具，其安全要求主要分为日常安全要求和发生紧急情况时安全要求。

（一）日常安全要求层面

在法律规范要求方面，国家网络空间靶场的建设和运行要切实遵守俄罗斯各项法律法规，特别是要以《俄罗斯联邦关键信息基础设施安全法》为基本依据；在信息安全等级标准方面，国家网络空间靶场作国家关键信息基础设施重要目标，按照俄罗斯联邦政府2018年第127号决议《关于确认俄罗斯联邦关键信息基础设施客体等级划分的规定以及俄罗斯联邦关键信息基础设施客体重要性标准参数列表》的规定，应执行第三级保护标准；在信息保护要求层面，国家网络空间靶场不应使用、存储涉及国家秘密的信息；在供电安全方面，国家网络空间靶场的基础设施的电源系统应具备在负载过压时自动断电保护功能，并且具备紧急手动关闭功能。

（二）发生紧急情况下

在发生网络安全事件时，应确保国家网络空间靶场系统配置、设置信息的安全，确保国家网络空间靶场系统的身份验证、认证和授权工具配置等信息的安全，确保发生网络安全事件时日志数据安全；在发生供电故障、国家网络空间靶场通用或专用软件故障以及国家网络空间靶场遭受网络攻击时，应确保所有存储信息的安全。此外，国家网络空间靶场及其各部分构成组件应有网络备份和独立备份，具备在发生网络安全事件或其他突发状况时自动恢复或人工恢复网络空间靶场功能。

四、发展要求

尽管俄罗斯联邦数字发展、通信和大众传媒部所批准和执行的国家网络空间靶场体系的建设规划是以 2024 年底为截止时间，但国家网络空间靶场在国家网络安全能力和水平发展中的关键重要地位决定了它的建设和发展将会一直向前、不断迭代更新。因此，俄罗斯国家网络空间靶场体系的建设从一开就坚持立足当下、着眼未来的发展原则。国家网络空间靶场的技术规范、信息基础设施等应在相关文件规范中已经明确的技术规范、信息基础设施及行业领域等基础上发展和拓展，为俄罗斯国家网络空间靶场的发展更新、技术迭代等奠定坚实的基础。特别是基础性硬件、软件设施建设要结合国家信息技术产品进口替代战略，确保国家网络空间靶场建设成为安全、自主、可控的国家级关键信息基础设施。考虑到现实网络攻防发展速度快、技术迭代进程紧凑的特点，国家网络空间靶场的信息基础设施必须支持通过硬件升级或使用专用虚拟平台实现性能拓展的功能，尤其是专用软件必须具备使用云技术等新技术确保可扩展性。此外，为了确保国家网络空间靶场的安全发展，必须与俄罗斯联邦技术和出口监督局信息安全威胁数据库等官方漏洞数据库建立合作机制，从而将国家网络空间靶场的发展纳入俄罗斯网络安全漏洞管理体系。

第四节 俄罗斯国家网络空间靶场体系的财政保障

国家网络空间靶场作为《俄罗斯联邦国家数字经济纲要·信息安全联邦项目》的关键项目，从立项之初就获得了联邦财政预算的支持。在国家网络空间靶场体系的建设进程中，其财政保障需按照联邦预算使用的基本程序完成联邦预算资金的竞标、申请及实际使用等前期工作。

一、组织联邦预算资金竞标

为了确保国家网络空间靶场尽快投入实践运行并具备基本工作能力，按照《联邦预算拨款用于创建和运营网络空间靶场以培训信息安全与信息技术领域人员、专家和管理者》政府法令的规定，俄罗斯联邦数字发展、通信和大众传媒部于 2019 年 11 月向社会公布了组织成立评标委员会以及组织实施招标、竞标的相关法规条例。其中，《俄罗斯联邦数字发展、通信和大众传媒部关于申请联邦预算拨款用于创建和运营网络空间靶场以培训信息安全与信息技术领域人员、专家和管理者评标委员会条例》规定，组织成立评标委员会的业务工作由俄罗斯联邦数字发展、通信和大众传媒部网络空间安全司负责，评标委员会由委员会主任、委员会副主任、委员会秘书及委员会成员共同组成，总人数不应少于 5 人，委员会主席负责具体组织实施招标和竞标工作。[1] 而对于投标组织或机构的资质标准，按照《俄罗斯联邦数字发展、

---

① Положение о конкурсной комиссии Министерства цифрового развития, связи и массовых коммуникаций Российской Федерации по проведению конкурсного отбора на предоставление Министерством цифрового развития, связи и массовых коммуникаций Российской Федерации субсидий из федерального бюджета на создание киберполигона для обучения и тренировки специалистов и экспертов разного профиля, руководителей в области информационной безопасности и информационных технологий современным практикам обеспечения безопасности [EB/OL]. [2022 - 6 - 6]. https://www.garant.ru/products/ipo/prime/doc/72906296/.

通信和大众传媒部关于申请联邦预算拨款用于创建和运营网络空间靶场以培训信息安全与信息技术领域人员、专家和管理者评标委员会审查章程》的规定，参与投标的组织必须是俄罗斯法人实体，拥有创建及运营网络空间靶场的信息基础设施，具备提供信息安全服务的经验并拥有配套信息化系统，具备与国内高等教育机构合作开展网络空间安全人才培养并为网络空间安全人才提供毕业实习的经验，拥有由俄罗斯联邦技术和出口监督局颁发的从事秘密信息技术保护活动及研制和生产秘密信息技术保护产品的许可证，以及与国家计算机事件协调中心签署合作协议等。[①] 经过评标委员会对 100 多家组织机构所投标书的审核，最后由俄罗斯联邦数字发展、通信和大众传媒部批准，俄罗斯电信公司下属子公司俄罗斯电信公司－索拉尔赢得竞标。

二、申请年度联邦预算资金

俄罗斯电信公司－索拉尔作为赢得联邦预算资金竞标的公司，想要获得年度财联邦预算资金，需要在满足一系列具体条件的情况下向联邦预算资金的具体执行部门联邦财政部申请。在编制联邦年度财政预算前，俄罗斯电信公司－索拉尔需要向俄罗斯联邦数字发展、通信和大众传媒部提交用于国家网络空间靶场建设、运营专项联邦预算的资金支出计划，其中需要明确该年度国家网络空间靶场建设、运营将实现的目标及其所对应的具体指标体系，并且同时提交国家综合公共财政管理系统。在俄罗斯电信公司－索拉尔完成

① Порядок рассмотрения конкурсной комиссией Министерства цифрового развития, связи и массовых коммуникаций Российской Федерации по проведению конкурсного отбора на предоставление Министерством цифрового развития, связи и массовых коммуникаций Российской Федерации субсидий из федерального бюджета на создание киберполигона для обучения и тренировки специалистов и экспертов разного профиля, руководителей в области информационной безопасности и информационных технологий современным практикам обеспечения безопасности поданных на конкурсный отбор заявок [EB/OL]. [2022-6-6]. http://www.consultant.ru/document/cons_doc_LAW_338507/d2993364e8fbec6d39de6db20cced3d77b93e30a/.

年度资金支出计划的过程中，俄罗斯联邦数字发展、通信和大众传媒部与国家金融监管机构可以随时核查、审计该公司完成计划的情况，如果违反了前期资金支出计划中关于联邦预算资金使用的目的、程序和方法等，就必须退回全部联邦预算资金。

三、联邦预算资金使用规则

俄罗斯联邦政府作为联邦财政预算的主要执行者，对于监督将联邦预算资金用于国家网络空间靶场建设具有主体责任。按照《俄罗斯联邦预算拨款用于创建和运营网络空间靶场以培训信息安全与信息技术领域人员、专家和管理者》政府法令的要求，该专项联邦预算资金按照自然年度进行拨付使用，并且只能用于国家网络空间靶场的建设、运营、维护以及独立的软件及硬件测试中心的建设活动。年度联邦预算资金的使用主要分为直接费用和间接费用。直接费用主要包括雇员工资，直接购买、租赁软件和硬件设施或其他相关设施与零部件的费用等。其中，雇员工资的平均标准不超过俄罗斯联邦国家统计局计算的软件开发及咨询服务行业月平均工资，雇员工资支出不超过年度联邦预算资金总额的5%；而直接购买、租赁软件和硬件设施或其他相关设施与零部件的费用，需按照国家技术标准设计或制造的市场中可用的相似物的价格确定，这部分的支出不超过年度联邦预算资金的25%。间接费用主要是指在建设、运营、维护国家网络空间靶场的过程中产生的一般业务费用和一般生产费用，这部分支出不超过年度联邦预算资金的10%。①

---

① Постановление Правительства Российской Федерации от 12. 10. 2019г. №1320. Об утверждении Правил предоставления субсидий из федерального бюджета на введение в эксплуатацию и обеспечение функционирования киберполигона для обучения и тренировки специалистов и экспертов разного профиля, руководителей в области информационной безопасности и информационных технологий современным практикам обеспечения безопасности [EB/OL]. [2022 - 6 - 6]. https://docs. cntd. ru/document/563469392.

第五节　俄罗斯国家网络空间靶场体系的实践活动

国家网络空间靶场体系建设的最终目标是在国家层面全面提升网络攻防能力，这就需要通过网络安全实践来检验和体现。俄罗斯国家网络空间靶场体系发展至今，其实践活动主要体现在开展网络攻防演习、举办网络安全竞赛、组织网络安全培训和实施网络安全测试等领域。

一、开展网络攻防演练

按照俄罗斯联邦数字发展、通信和大众传媒部的建设规划安排，目前俄罗斯国家网络空间靶场体系组织开展的网络攻防演习主要集中在国家关键信息基础设施行业的财政金融和电力能源等企业。提高国家关键信息基础设施行业网络安全水平是国家网络空间靶场的重要职能，从国家网络空间靶场开始建设起，国家关键信息基础设施行业就不断组织各种规模的网络演习。2019 年 12 月，俄罗斯联邦数字发展、通信和大众传媒部与俄罗斯联邦能源部依托俄罗斯电信公司 – 索拉尔建设的中心靶场组织开展了电力行业网络演习，主要测试了俄罗斯电力行业使用的主要自动化控制系统在遭受网络攻击时的可靠性和稳定性。2021 年 6 月，俄罗斯联邦能源部依托俄罗斯电信公司 – 索拉尔与国家技术首创中心合作创建的电力行业网络空间靶场，组织国内火电行业进行了首次能源行业领域大规模网络演习。整个演习分两个阶段进行：第一阶段为网络攻防演练，第二阶段为网络攻防复盘。通过这场网络演习，实际检验了俄罗斯电力行业关键信息基础设施应对网络攻击的能力和水平。① 时任俄罗斯联邦能源部经济安全司司长 A. 谢苗金在评价这次演习时指出：这类活动有助于测试并提高火力发电厂企业应对复杂分布式计算机攻击的实际准备，从而提高响应速度并改

① На Национальном киберполигоне прошли масштабные учения для энергетической отрасли России [EB/OL]. [2022 – 6 – 8]. https://rt – solar. ru/events/news/2239/.

善相关企业之间的安全互动。① 2021 年 10 月，俄罗斯电信公司－索拉尔联合俄罗斯管材冶金公司、锡纳拉集团组织了第一次跨行业企业网络演习。该演习评估了不同工业企业的网络安全水平，锻炼了企业网络安全人员应对网络攻击的实际能力，也为以后组织大规模跨企业、行业的网络演习积累了经验。

二、举办网络安全竞赛

随着国家网络空间靶场技术基础设施建设的日益完备，俄罗斯各类别的网络安全竞赛开始依托国家网络空间靶场的中心靶场或地区分靶场平台进行。2020 年 9 月，第十届“伏尔加－夺旗”（Volga CTF）国际网络安全竞赛在萨马拉州举行。俄罗斯电信公司－索拉尔作为大赛伙伴单位首次将国家网络空间靶场部分技术基础设施引入比赛，为网络竞赛环节网络平台的构建提供了技术支撑。此外，俄罗斯电信公司－索拉尔国家网络空间靶场项目发展总监 M. 科利莫夫还在比赛的会议环节向参赛队伍具体介绍了网络空间靶场的基本建设流程以及国家网络空间靶场的建设成果。② 2020 年 11 月，在俄罗斯电信公司－索拉尔与天狼星科技大学合作创建国家网络空间靶场的分靶场协议签署会上，天狼星科技大学方面的代表强调说：“确保网络空间安全对每个人和整个国家的国家利益都很重要。必须对在这一领域具有竞争力的人员进行系统、综合的培训。在天狼星科技大学，我们创造了一个让有才华的学生和行业公司一起使用先进设施的环境。”③ 2020 年 11 月，“远东－夺旗”（FarEast CTF）网络安全竞赛在符拉迪沃斯托克（海参崴）举行。俄罗斯电信公司－索拉尔作为比赛主要合

① Минэнерго России стало лауреатом Всероссийского конкурса “Кубок информационной безопасности регионов” в номинации “Сделано в России” [EB/OL]. [2022－6－8]. http：//www. mobilecomm. ru/pobeda－v－kubke.

② В Самаре состоятся десятые международные соревнования в области ИБ Volga CTF при поддержке “Ростелеком－Солар” [EB/OL]. [2022－6－8]. https：//rt－solar. ru/events/news/1929/.

③ “Ростелеком” построит в “Сириусе” киберполигон для тренировки молодых специалистов [EB/OL]. [2022－6－8]. https：//news. myseldon. com/ru/news/index/240241594.

作伙伴，利用国家网络空间靶场远东网络空间靶场中心为比赛构建了网络竞赛平台。俄罗斯电信公司－索拉尔国家网络空间靶场项目发展总监 M. 科利莫夫在向参赛队伍介绍相关情况时指出：“‘远东－夺旗’网络安全竞赛在普及网络空间安全方面发挥了很大作用。每年有越来越多的来自远东地区的参赛队参加比赛，我们很高兴利用自己的经验支持和激励有才华的年轻人的专业发展。根据我们的经验，年轻的专业人员最缺乏的是实践技能，因此今年我们向参与者提供了网络空间靶场的基础设施。这一网络空间靶场将在远东联邦大学开放，它是一个模拟识别和反映网络攻击真实场景的平台，可以将我们在大学获得的理论知识固化在实践中。”① 2021 年 4 月，俄罗斯滨海边疆区政府组织了 2021 年度“俄罗斯防御游戏－夺旗”（Russkiy Defence Game CTF）网络安全竞赛。该竞赛依托国家网络空间靶场远东网络空间靶场中心，开展了包括逆向工程、入侵取证、加密、社会工程攻击等任务在内的竞赛，极大提高了参赛队伍的网络攻防实践技能。②

三、组织网络安全培训

国家网络安全能力除了受关键信息基础设施水平的影响外，网络安全人才的质量与数量更是重中之重。俄罗斯以高等教育机构为主要阵地，依托国家网络空间靶场，始终把提高高等教育机构学生网络安全实践能力和水平作为网络安全人才培养的关键。随着国家网络空间靶场依托远东联邦大学，天狼星科技大学，西伯利亚国立电信与信息大学，圣彼得堡国立信息技术、机械与光学大学建立起 4 个地区分靶场，包括 4 所大学在内的各高等教育机构很快将其投入实际的人才培养工作中。2020 年 11 月，在圣彼得堡科学与高等教育委员会的组织下，

① На киберполигоне “Ростелекома” прошли соревнования по информационной безопасности FarEastCTF [EB/OL]. [2022－6－8]. https://rt－solar.ru/events/news/2015/.

② Участники соревнований по информационной безопасности CTF Russkiy Defence Game проверили свои знания на Национальном киберполигоне [EB/OL]. [2022－6－8]. https://rt－solar.ru/events/news/2171/.

圣彼得堡国立信息技术、机械与光学大学联合俄罗斯电信公司－索拉尔，依托国家网络空间靶场地区分靶场组织举办了面向圣彼得堡地区高等教育机构学生的“学生－夺旗2020”（Student CTF 2020）网络安全竞赛。竞赛结束后，俄罗斯电信公司－索拉尔国家网络空间靶场项目发展总监M. 科利莫夫为参赛的学生代表队做报告时说道：“俄罗斯电信公司－索拉尔支持了国内许多包括夺旗竞赛在内的网络安全竞赛。我们为国内此类比赛的组织者提供了充分的条件，确保其可以充分利用国家网络空间靶场的技术设施，确保所有参与者都能接触到它们。”① 2021年1月，远东联邦大学联合俄罗斯电信公司－索拉尔专家在国家网络空间靶场平台上为本校参与“信贷金融领域信息安全”硕士课程的学生以网络培训的形式实施了授课。培训的第一阶段，由俄罗斯电信公司－索拉尔专家为学生讲授金融领域信息技术设施安全知识；在培训的第二阶段，学生们将利用所学知识模拟金融行业网络安全人员应对黑客攻击银行。2021年10月，俄罗斯联邦科学和高等教育部基于国家网络空间靶场平台组织举行了第一届全俄大学生网络演习。本次演习以保护电力行业企业关键信息基础设施为目标，俄罗斯电信公司－索拉尔开发了专门的自动化演习评分系统，最终圣彼得堡国立信息技术、机械与光学大学代表队赢得了冠军。俄罗斯电信公司－索拉尔副总裁A. 切契宁在赛后评价道：“演习活动扩大了国家网络空间靶场的培训规模，也拓展了国家网络空间靶场的影响力。”②

四、实施网络安全测试

国家网络空间靶场作为对各种国家关键信息基础设施高度模拟和仿真的平台，也存在着潜在的安全风险。目前俄罗斯国家网络空间靶场实施网络安全测

---

① При поддержке “Ростелеком” прошли студенческие соревнования по компьютерной безопасности STUDENT－CTF 2020 [EB/OL]. [2022－6－8]. https：//rt－solar. ru/events/news/2033/.

② На Национальном киберполигоне прошли первые всероссийские межвузовские киберучения [EB/OL]. [2022－6－9]. https：//arppsoft. ru/news/members/10822/.

试的主要方式是对国家网络空间靶场技术基础设施及国家关键信息基础设施部分行业和领域企业的网络安全软件、硬件设施进行漏洞测试，从而尽可能避免网络安全漏洞的威胁。为了测试国家网络空间靶场的可靠性并提升相应国家关键信息基础设施的安全性，俄罗斯电信公司 - 索拉尔于2021 年6 月首先在国家网络空间靶场启动了漏洞搜索项目。按照俄罗斯电信公司 - 索拉尔的计划，该项目的第一个参与者是俄罗斯加密信息保护工具的主要制造商之一“安全代码”公司，到2021 年底，俄罗斯电信公司 - 索拉尔计划在这一领域建立至少6 个合作伙伴关系。在国家网络空间靶场的第一阶段漏洞搜索项目进程中，研究人员将在国家网络空间靶场中对由“安全代码”公司生产并广泛部署使用在国家机关信息系统中的“大陆”软硬件综合体进行远程访问，并在3 周内搜索产品功能实现中的漏洞。漏洞信息将统一上传至俄罗斯电信公司 - 索拉尔专用邮箱，俄罗斯电信公司 - 索拉尔专家组将对其进行验证，获得验证的漏洞信息提供者奖获得奖金奖励。“安全代码”公司总裁 A. 戈洛夫针对国家网络空间靶场实施的这个漏洞搜索项目指出：“为国家关键信息基础设施提供保护系统必须避免所有有风险的漏洞，而提供全面保护的最好方法是持续的系统信息安全测试。我们欢迎俄罗斯电信公司 - 索拉尔实施的项目来评估风险，我们很高兴为我们的解决方案提供适当的测试。保护国家的信息安全是一个巨大的责任，我们非常清楚这一点。”① 此外，为了更贴近关键信息基础设施行业的真实场景，俄罗斯电信公司 - 索拉尔在电力企业网络空间靶场建设过程中，还于2020 年12 月引入国际及国内电力企业通用的西门子公司设计制造的硬件、软件设施，并通过不断测试这类设施的安全性来提高俄罗斯电力企业的网络安全能力和水平。②

---

① На Национальном киберполигоне стартует федеральная программа по поиску уязвимостей в программном и аппаратном обеспечении [EB/OL]. [2022 - 6 - 9]. https: //rt - solar. ru/events/news/2221/.

② “Ростелеком” использует аппаратные и программные решения “Сименс” при создании киберполигона [EB/OL]. [2022 - 6 - 9]. https: //rt - solar. ru/events/news/2041/.

第六节　俄罗斯国家网络空间靶场体系建设的主要特点

尽管俄罗斯国家网络空间靶场体系建设与其他国家相比起步较晚，但却在较短的建设周期内取得了比较明显的成就。通过梳理其发展历程及具体的建设举措，可以看到俄罗斯国家网络空间靶场体系建设呈现以下特点。

一、紧贴关键信息基础设施安全需求

关键信息基础设施安全状况对于国家网络空间主权和安全具有重大意义。俄罗斯国家网络空间靶场体系建设进程中，始终将关键信息基础设施安全需求放在首位，有序推进整体建设。虽然《俄罗斯联邦关键信息基础设施安全法》明确规定了13个行业领域的信息基础设施属于国家关键信息基础设施，但从国家网络空间靶场体系规划、建设实践来看，俄罗斯基于不同行业领域所面临的现实安全威胁状况，事实上前期仅选择了电信、金融财政、能源燃料3个领域作为国家网络空间靶场建设的重点。而且，这3个领域的国家网络空间靶场建设也并非覆盖了该领域的全行业，如电信领域首先选择的是国家机关通信基础设施，金融财政领域首先选择的是金融行业中的银行机构，而能源燃料领域首先选择的是电力行业中的火电企业。从实践发展看，有序选择建设重点也在一定程度上缓解了部分领域面临的网络安全威胁。正如俄罗斯电信公司－索拉尔副总裁A. 切契宁在俄罗斯联邦中央银行与俄罗斯电信公司－索拉尔在国家网络空间靶场联合举行网络演习后所说："尽管在网络安全方面取得了巨大进展，但银行仍然是最吸引黑客的攻击目标。根据我们的数据统计，信贷和金融业占所有网络犯罪记录的20%。因此，系统和定期的网络演习是金融行业网络可持续性的一个非常重要的组成部分。"①

---

① Банк России проведет учения на Национальном киберполигоне [EB/OL]. [2022－6－9]. https://rt－solar.ru/events/news/2137/.

二、坚持自主可控原则

自主可控原则是网络安全建设的核心原则之一，俄罗斯在国家网络空间靶场体系建设进程中始终坚守这一原则，主要体现在两个方面：

一是在网络空间靶场信息基础设施领域落实“进口替代”战略。俄罗斯“进口替代”战略即通常意义上的“国产化”战略。为了确保国家网络空间靶场的自主可控，俄罗斯在国家网络空间靶场体系建设进程中力求不断提高基础硬件、基础软件及应用软件等基本设施的国产化率，从而确保相关基本技术产品及技术服务的自主可控。

二是聚焦网络空间靶场“非国产”信息基础设施安全研究。由于信息技术发展的相对滞后和关键信息基础设施建设的复杂性，俄罗斯的某些关键信息基础设施很难实现百分之百的国产化率。在这种情况下，对关键信息基础设施领域的“非国产”信息基础设施进行安全研究就是“进口替代”战略的必要补充。如俄罗斯电信公司－索拉尔对在俄罗斯电力工业领域广泛使用并已经部署到国家网络空间靶场中的施耐德电气及摩莎等国际供应商的硬件及软件设施进行安全研究后，发现了许多尚未被公布的漏洞。面对这一情况，俄罗斯电信公司－索拉尔国家网络空间靶场安全研究组负责人 A. 库兹涅佐夫强调：“我们将扩大对其他工业设施的潜在漏洞威胁的研究，从而尽可能提高国家网络空间靶场演习和训练的效果。”①

三、聚焦网络安全人才实践能力培养

尽管国家关键信息基础设施的网络安全与信息基础设施的安全水平和状况有直接关系，但在网络安全的实际对抗中，网络安全领域相关人员的技术水平

① Специалисты Национального киберполигона сообщили об уязвимостях в промышленном оборудовании MOXA［EB/OL］.［2022－6－9］. https：//rt－solar. ru/events/news/2544/.

和技术能力更为重要。俄罗斯在国家网络空间靶场体系的建设进程中，高度重视网络安全人才实践能力的培养，这主要体现在以下几个方面：

一是从立法层面明确国家网络空间靶场培养网络安全人才的目标。无论是俄罗斯联邦政府颁布的《联邦预算拨款用于建设和运营网络空间靶场以培训信息安全与信息技术领域人员、专家和管理者》政府法令，还是联邦部门公布的《建设网络空间靶场以培训现代安全保障信息安全与信息技术领域人员、专家和管理者工作指南》等法规文件，都把网络安全人才培养视作国家网络空间靶场体系建设目标的重中之重。

二是依托高等教育机构建设国家网络空间靶场确保网络安全人才培养理论与实践相结合。从已经建设国家网络空间靶场分靶场的各高等教育机构教育实践看，各层次学生在国家网络空间靶场虚拟平台上不仅可以直接了解不同领域关键信息基础设施的基本状况，也可以将所学网络安全理论直接运用于关键信息基础设施安全问题的解决。

三是通过网络空间对抗演习不断提升网络安全从业人员的实践能力。依托国家网络空间靶场举行的无论是跨行业、跨企业的网络演习，还是高等教育机构间的网络空间安全对抗比赛，对于从整体上提升网络安全从业人员实践能力都具有重要意义。俄罗斯电信公司－索拉尔副总裁 A. 切契宁对此强调，国家网络空间靶场为高等教育机构学生提供了展示识别和击退网络攻击技能的机会，这种形式有助于提高年轻一代专业人员的技术水平，有助于为行业储备高素质人才。①

四、注重政企合作协同发展

国家网络空间靶场体系作为《俄罗斯联邦国家数字经济纲要》的重要项目，建设周期长、资金投入大、技术难题多，仅仅依靠政府相关部门很难实现

① На Национальном киберполигоне прошел финал олимпиады среди вузов Северо－Запада［EB/OL］.［2022－6－9］. https：//rt－solar. ru/events/news/2479/.

预期建设目标。因此从建设伊始，俄罗斯就将政企合作作为建设原则之一。在国家网络空间靶场体系建设的启动阶段，俄罗斯联邦数字发展、通信和大众传媒部作为政府部门的代表，通过招标的方式确定了俄罗斯电信公司－索拉尔成为国家网络空间靶场体系建设的技术责任单位；在国家网络空间靶场体系建设的起步阶段，为了解决国家网络空间靶场信息基础设施“国产化率”的问题，俄罗斯电信公司－索拉尔与俄罗斯网络安全企业卡巴斯基实验室签署了合作协议，将卡巴斯基实验室的网络安全产品，如卡巴斯基反定向攻击平台、卡巴斯基端点安全等，直接引入了国家网络空间靶场的信息基础设施。① 随着国家网络空间靶场体系建设的逐步发展，关键信息基础设施不同领域、行业企业安全需求市场迅速增长，为了有效解决建设进度和集成性问题，俄罗斯联邦政府决定基于自愿原则直接引入已经成熟并实现市场化运作的商业网络空间靶场。通过不断扩大政企合作的内容和范围，俄罗斯国家网络空间靶场体系实现了稳步发展，并在保障国家关键信息基础设施安全和培养网络安全人才领域发挥了越来越重要的作用。

① “Ростелеком” использует решения “Лаборатории Касперского” при создании Национального киберполигона [EB/OL]. [2022－6－9]. https://rt－solar.ru/events/news/2043/.

第九章　对中国网络空间安全体系建设的启示

2016年12月，国家互联网信息办公室发布的《国家网络空间安全战略》明确提出，把中国建设成为网络强国的战略目标之一就是“网络安全风险得到有效控制，国家网络安全保障体系健全完善”。[①] 俄罗斯在维护自身网络空间安全的进程中，不断完善网络空间安全体系，取得了一系列丰硕的成果。学习并借鉴俄罗斯网络空间安全建设的先进经验和做法，对于加快构建有中国特色的网络空间安全体系，确保国家网络空间安全具有重要意义。

第一节　丰富完善网络空间安全法律体系

完善的网络空间安全法律体系是国家网络空间安全的重要保障。世界各国由于网络发展状况、立法理念原则等的不同，形成了各具特点的网络空间安全法律体系。俄罗斯至今已经形成了包括不同法律效力层级，涵盖网络空间主权保障、关键信息基础设施安全、数据安全等领域的网络空间安全法律体系。中

---

① 国家网络空间安全战略［EB/OL］．［2022－7－7］．http：//www.cac.gov.cn/2016－12/27/c_1120195926.htm.

国自 1994 年实现与国际互联网全功能连接以来，随着网络空间安全形势的变化，不断完善网络空间安全立法。1994 年 2 月，国务院颁布实施了《中华人民共和国计算机信息系统安全保护条例》，标志着中国网络空间安全立法的开始。至 2017 年 6 月，随着《中华人民共和国网络安全法》的实施，中国网络空间安全法律体系基本形成。相比较俄罗斯，中国网络空间安全法律体系建设还需要在以下几个方面进行完善。

一、丰富网络空间安全领域的上位法

从目前中国网络空间安全法律体系的构成层次来看，主要包括法律、行政法规、司法解释、地方性法规等。而其中专门性的，由全国人民代表大会常务委员会颁布的网络空间安全领域上位法仅有 7 部，即《中华人民共和国电子签名法》《中华人民共和国网络安全法》《中华人民共和国数据安全法》《中华人民共和国个人信息保护法》《中华人民共和国反电信网络诈骗法》《全国人民代表大会常务委员会关于维护互联网安全的决定》《全国人民代表大会常务委员会关于加强网络信息保护的决定》，尚未完全覆盖网络空间安全各个领域。而其中的《全国人民代表大会常务委员会关于维护互联网安全的决定》和《全国人民代表大会常务委员会关于加强网络信息保护的决定》虽然也是由全国人民代表大会常务委员会通过，属于广义上的法律范畴，但与前 5 部法律相比：从立法程序上看，二者未经国家主席签署主席令公布；从法律性质上看，二者属于“有关法律问题和重大问题的决定”；从文本内容上看，二者并未明确法律适用范围。鉴于目前中国面临的网络空间安全形势不断严峻，有必要适时推动二者成为与其他五部法规在立法程序、法律性质和适用范围等方面保持一致的法律，进一步丰富网络空间安全领域的上位法，从而为网络空间安全领域下位法的制定奠定坚实的基础。

二、避免重复性立法

以网络信息内容安全领域立法为例，重复性立法主要体现在两个方面：一方面是不同行政法规的内容出现重复。如国务院于 2011 年 1 月修订公布的《互联网信息服务管理办法》第 15 条规定，不得在互联网上制作、复制、发布和传播反对宪法所确定的基本原则等的九类信息。这“九不准”规定在《中华人民共和国电信条例》（2016 年 2 月第 2 次修订）第 56 条、《互联网上网服务营业场所管理条例》（2022 年 3 月第 4 次修订）第 14 条等行政法规中都有完全相同的重复性内容。另一方面是地方性法规与行政法规内容重复。由于网络空间具有跨地域性特征，这就决定了网络空间安全立法适用范围不同于其他领域立法。如前述《互联网信息服务管理办法》第 15 条规定的“九不准”内容，在《广东省计算机信息系统安全保护条例》第 25 条、《辽宁省计算机信息系统安全保护条例》第 19 条等地方性法规中也有相同或相似的重复性内容。因此，有必要在今后的网络空间安全领域立法工作中充分考虑立法工作的严肃性和网络空间的特殊性，避免重复性立法。

三、加强网络空间安全领域立法的可操作性

法律法规的可操作性既是评判立法效果的标准，也是司法实践的基础。由于网络空间安全领域具有技术发展迭代快和安全形势变化快等特点，这就决定网络空间安全领域立法对法律法规的可操作性要求更强。就中国网络空间安全领域立法现状来看，由于一些法律法规立法内容过于简单化、原则化，致使法律法规缺乏可操作性，无法有效实施，直接影响了法律的权威性。在司法实践中，为了解决这一问题，最高人民法院和最高人民检察院以出台相关司法解释的形式弥补了立法上的不足，但又造成了司法解释过于繁多乃至“司法解释立法”的现象。以网络色情犯罪立法实践为例，2000 年 9 月国务院公布的《互联网信息服务管理办法》第 15 条第 7 款规定，“互联网信息服务提供者不得制作、复制、发布、传播含有下列内容的信息”，“散布淫秽、色情、赌博、暴力、凶杀、恐怖或者教唆犯罪的”。而在量刑上，该行政法规第 20 条仅规定了“构成犯罪的，依法追究刑事责任”，“尚不构成犯罪的，由公安机关、国家安

全机关依照……的规定予以处罚”。[①] 其中对淫秽电子信息是什么，制作、复制、发布、传播淫秽电子信息如何量刑并未作出明确规定。为了解决这些问题，2004 年 9 月，最高人民法院和最高人民检察院公布了《最高人民法院、最高人民检察院关于办理利用互联网、移动通讯终端、声讯台制作、复制、出版、贩卖、传播淫秽电子信息刑事案件具体应用法律若干问题的解释》。该司法解释不仅明确了上述问题，并以是否牟利为目的对制作、复制、出版、贩卖、传播淫秽电子信息如何量刑作了明确区分。但在具体司法实践中，又出现了制作、复制、出版、贩卖、传播淫秽电子信息的数量多少和传播范围大小没有明确规定，导致难以准确量刑的问题。2010 年 1 月，最高人民法院和最高人民检察院又公布了《最高人民法院、最高人民检察院关于办理利用互联网、移动通讯终端、声讯台制作、复制、出版、贩卖、传播淫秽电子信息刑事案件具体应用法律若干问题的解释（二)》，对上述问题及相应的“情节严重”和“情节特别严重”的定罪量刑标准作了更详细的规定。从上述立法进程不难看出，在网络空间安全领域司法实践中，法律法规缺乏可操作性已经影响到了中国网络空间安全秩序，成为制约网络空间安全发展的重要瓶颈。因此，在今后的网络空间安全领域立法中，必须考虑网络空间发展的特殊性，避免出现有法难依的问题。

第二节　加快构建网络空间安全专业教育体系

2017 年 6 月颁布实施的《中华人民共和国网络安全法》第 20 条明确规定，“国家支持企业和高等学校、职业学校等教育培训机构开展网络安全相关教育与培训，采取多种方式培养网络安全人才”，[②] 为中国构建网络空间安全专业教

① 互联网信息服务管理办法［EB/OL］.［2022 - 7 - 9］. http：//www. cac. gov. cn/2014 - 08/19/c_1112138363. htm.

② 中华人民共和国网络安全法［EB/OL］.［2022 - 7 - 9］. http：//www. cac. gov. cn/2016 - 11/07/c_1119867116. htm.

育体系提供了坚实的法律基础。随着数字基础设施建设的全面展开，国家网络空间安全保障体系也必将随之发展壮大，对网络空间安全人才的需求将急剧攀升。这既为中国网络安全专业教育体系发展提供了巨大机遇，又提出了严峻考验。在2022年9月由工业和信息化部人才交流中心、工业和信息化部网络安全产业发展中心、中国网络安全产业创新发展联盟等多家单位联合发布《网络安全产业人才发展报告（2022年版）》，该报告指出："截至2022年7月底，全国有500余所高校设立网络安全相关专业。尽管开设网络安全相关专业的高校数量在逐年攀升，但目前每年高校安全专业培养人才仍无法满足市场需求，人才缺口不容乐观。"① 结合中国网络空间安全专业教育及人才培养发展现状，合理借鉴俄罗斯网络空间安全专业教育体系建设经验，科学构建中国新时代网络空间安全专业教育体系，是实现网络强国战略目标的关键抉择。

一、完善网络安全空间人才培养顶层规划

科学的人才培养顶层规划是网络空间安全专业教育体系发展的前提。2016年7月，中共中央网络安全和信息化委员会办公室印发的《关于加强网络安全学科建设和人才培养的意见》对中国网络空间安全人才培养进行了科学谋划，在学科专业建设、人才培养机制、师资队伍建设、在职人员培训及校企合作机制等方面作了具体部署。由于中国网络空间安全学科刚刚建立，网络空间安全学院建设刚刚起步，文件重点对高等院校培养网络空间安全专业人才的制度、机制做了规划。2017年8月，中共中央网络安全和信息化委员会办公室与教育部联合印发了《一流网络安全学院建设示范项目管理办法》，对建设一流网络安全学院的思路、目标、原则、任务、条件和程序等进行了明确。从现实情况来看，中国的网络空间安全人才需求是长期且全面的，为了进一步统筹网络空间安全人才培养工作，加快网络空间安全专业教育体系建设，需要尽快制定以

① 网络安全产业人才发展报告（2022年版）［EB/OL］.［2022-7-9］. https://aimg8.dlssyht.cn/u/551001/ueditor/file/276/551001/1666663653775278.pdf

下方面的法规文件：关于网络安全人才队伍建设的中长期规划，关于网络空间安全从业人员的职业资格标准，关于网络空间安全学科的专业方向目录，关于网络空间安全专业教育各层次的人才培养标准，关于网络空间安全专业教学的国家质量标准等等。这类法规政策文件的制定和颁布，将为网络空间安全人才培养提供明确的方向引领和坚实的制度保障。

二、强化网络空间安全人才的国家安全属性

中共中央网络安全和信息化委员会办公室印发的《关于加强网络安全学科建设和人才培养的意见》强调指出，人才是网络安全第一资源。① 深化对“第一资源”内涵的理解，将有助于网络空间安全专业教育体系的整体构建。俄罗斯在网络空间安全专业教育体系的发展过程中，始终把网络空间安全人才队伍视为国家战略资源，将网络空间安全人才培养视为国家安全保障体系的重要组成部分，国家安全机构介入了从顶层规划到现实教学的全过程。2018 年，中国教育部成立网络空间安全专业教学指导委员会。主要职能是受教育部委托，承担高等学校网络空间安全专业教育教学研究、咨询、指导、评估和服务等工作。该委员会绝大多数成员均来自高等教育院校。相比较俄罗斯联邦教育和科学部保护国家机密与信息安全人才培养问题协调委员会，无论是职能作用，还是成员构成，中国网络空间安全专业教学指导委员会还没有突出网络空间安全人才培养在国家安全保障中的重要地位。要把网络空间安全人才培养上升到国家安全层面，需要进一步深入理解“人才是网络安全第一资源”，加强国家安全部门对网络空间安全人才培养的参与、指导。

三、探索发展网络空间安全专业终身职业教育

层次完备的网络空间安全专业教学组织体系是实施网络空间安全专业终

---

① 关于加强网络安全学科建设和人才培养的意见［EB/OL］.［2022 - 7 - 10］. http://www. cac. gov. cn/2016 - 07/08/c_1119184879. htm.

身职业教育的关键。俄罗斯以职业技术学校、高等专科学校、高等院校、地区信息安全问题教学研究中心及联邦区信息安全问题教学研究中心等教学机构为基础，以信息安全专业国家职业资格标准为牵引，构建起了从中等职业教育到高等职业教育，再到补充职业教育的完整的终身职业教育体系。到目前为止共 11 所高校成为一流网络安全学院建设示范项目高校，这为中国发展网络空间安全专业学历教育奠定了坚实的基础。但是，由工业和信息化部人才交流中心、工业和信息化部网络安全产业发展中心、中国网络安全产业创新发展联盟等多家单位联合发布《网络安全产业人才发展报告（2021 年版）》也明确指出了中国在网络空间安全专业终身职业教育方面的问题："当前，大部分网络安全从业人员除了在工作中经验的自我积累和沉淀，能力提升的主要渠道包括自主报名认证培训、学习社区或平台进行自学，只有少数网络安全队伍建设比较完备的行业会组织内部分享、邀请专家或购买服务方式为网络安全从业人员提供学习机会，但总体来说，网络安全人员的能力提升仍然依靠自学为主。"① 相比俄罗斯，中国网络安全专业教育体系还处于初步发展阶段，还停留在主要以高等院校网络安全专业教育的学历教育为主，结合少量社会职业培训的层面。总之，网络安全形势的发展决定了网络安全人才的需求是全方位、多层次的，因此必须科学规划网络安全人才成长路径，探索网络安全人才培养新模式，健全不同层次网络安全专业教学机构，从而实现网络安全专业的终身职业教育。

第三节　不断加强国家网络安全事件应急体系

2021 年 2 月，中国互联网络信息中心发布的第 47 次《中国互联网络发展状况统计报告》指出：2020 年，国家计算机网络应急技术处理协调中心监测发

① 网络安全产业人才发展报告（2021 年版）[EB/OL]. [2022-7-17]. https://www.doc88.com/p-05629759720400.html.

现我国境内被篡改网站数量为243709个，其中被篡改政府网站1030个，国家计算机网络应急技术处理协调中心接收到网络安全事件报告103109件。[①] 这一数据充分说明，中国网络安全形势比较严峻，必须进一步完善国家网络安全事件应急体系。《中华人民共和国网络安全法》第53条规定：国家网信部门协调有关部门建立健全网络安全风险评估和应急工作机制，制定网络安全事件应急预案，并定期组织演练，[②] 为建立国家网络安全应急体系奠定了法律基础。2017年1月，中共中央网络安全和信息化委员会办公室印发了作为国家网络安全事件应急体系顶层设计的《国家网络安全事件应急预案》。该文件明确提出要"建立健全国家网络安全事件应急工作机制"，并就网络安全事件应急的组织机构、监测预警、应急处置、调查评估和预防工作等做出了明确规定。发展至今，中国网络安全事件应急体系在预案体系、组织架构、法律法规、运行机制等方面已经比较成熟。相比较俄罗斯的国家计算机攻击监测、预警和后果消除体系，中国网络安全事件应急体系还需要完成下几个方面工作。

一、完善网络安全事件应急管理机制

俄罗斯在建设国家计算机攻击监测、预警和后果消除体系进程中，逐渐形成了以俄罗斯联邦安全局为核心，包括俄罗斯联邦技术和出口监督局，俄罗斯联邦数字发展、通信和大众传媒部等在内的联邦执行权力机关为行政领导监督组织，以国家计算机攻击监测、预警和后果消除体系总中心（即国家计算机事件协调中心）为核心，包括区域中心、地区中心、部门中心和企业中心等机构为业务组织，以各关键信息基础设施主体为基础管理单位的网络安全应急管理组织机制。尽管我国已经按照《国家网络安全事件应急预案》建立了国家网络

① 中国互联网络发展状况统计报告（第47次）[EB/OL]. [2022-7-17]. http://www.cnnic.net.cn/NMediaFile/old_attach/P020210203334633480104.pdf.

② 中华人民共和国网络安全法[EB/OL]. [2022-7-17]. http://www.cac.gov.cn/2016-11/07/c_1119867116.htm.

安全事件应急领导体系，但还需要进一步完善网络安全事件应急管理机制：一是推进网络安全事件应急的部门、行业和地区指挥机构建设。《国家网络安全事件应急预案》尽管明确了各部门、各地区按照职责权限统筹协调本部门、本地区的网络安全事件应急管理工作，但对部门、地区的网络安全事件应急指挥机构建设并未做出具体规定。因此，有必要以各部门、各地区网信部门为主，吸纳公安、大数据管理、信息安全测评机构等参与的层级制的网络安全事件应急指挥机构，构建完整的国家网络安全事件应急领导指挥体系。二是明晰行业网络安全事件应急管理机构与地方政府网络安全事件应急管理机构之间的权责界限，按照网络安全事件分级等原则明确不同网络安全事件的应急管理责任主体，统筹网络安全事件应急管理职能，避免在网络安全事件应急管理工作中出现“管理盲点”。三是整合不同行业、不同部门和不同地区网络安全事件应急机制，提升网络安全事件应急管理体系的应急指挥、协同部署和日常运营的效率与水平。

二、加强网络安全事件应急能力建设

网络安全事件应急能力是衡量网络安全事件应急体系建设状况的关键指标。俄罗斯国家计算机攻击监测、预警和后果消除体系在初步建成后，在应对网络安全威胁，确保国家关键信息基础设施安全领域发挥了重要作用。从中国网络安全事件应急能力建设现状来看，还需要加强以下几个方面的工作：一是完善网络安全事件预警机制。可以在网络安全事件应急指挥体系各层级建设网络安全事件应急中心，主要协调所在部门、行业或地区的关键信息基础设施主体单位在网络安全威胁信息共享、网络安全事件研判和网络安全威胁警报发布等领域的工作。二是加快国家关键信息基础设施软硬件安全测试和国产化替代工作。国家网络安全保障的核心是国家关键信息基础设施，其安全状况直接影响网络安全事件应急能力。通过对国家关键信息基础设施软硬件进行广泛的安全测试，可以及早发现网络安全漏洞和威胁。在此基础上进行有针对性的国产化替代和关键信息基础设施安全保护技术、产品和平台研发，可以极大提升网络安全事件应急能力水平。三是加快网络安全事件应急人才队伍建设。从网络安全事件应急人才队伍建设实际状况来看，网络安全应急技术支撑队伍和网络安全事件应急服务队伍目前主要采取遴选吸纳私营网络安全企业为主要形式，在专职化的网络安全事件应急人才队伍建设，网络安全事件应急人才队伍教育、培训和考核等方面还有待加强。

三、提升网络安全事件应急演练水平

从中国各部门、行业和地区组织的网络安全事件应急演练实践来看，存在“演”的多而“练”的少、技术支撑平台不统一、演练流程不规范等问题，还需要加强以下几个方面的工作：一是建设统一的网络安全事件应急演练平台，提升网络安全事件应急演练信息化水平。通过统一的网络安全事件应急演练平台，在线模拟突发网络安全事件处置，通过任务设定、监测预警、处置应对等流程完成模拟演练，然后通过平台生成统计数据，对模拟演练进行反馈评估和复盘检讨。二是建立网络安全事件应急演练标准规范，提升网络安全事件应急演练规范化水平。可以采取理论研究、技术攻关和试验试点等步骤，建立起一整套的网络安全事件应急演练标准、工具、方法和评价指标体系，确保网络安全事件应急演练的标准化和规范化。三是拓展网络安全事件应急演练效果，提升网络安全事件应急演练整体水平。可以针对不同部门、不同行业和不同地区实际情况，探索典型性网络安全事件应急演练方案，形成适应不同等级事件、不同时效事件、不同信息系统的成熟预案，并在此基础上通过定期、分级演练，不断完善网络安全事件应急演练预案。

第四节　持续改进国家网络安全漏洞管理体系

随着国际网络空间安全竞争的不断发展，网络安全漏洞已经成为国家网络

空间安全的战略资源，世界各国对网络安全漏洞治理倍加重视，纷纷构建各具特点的国家网络安全漏洞管理体系。尽管俄罗斯国家层面的漏洞数据库建设起步较晚，但已经形成了包括法律基础、组织管理体系、技术平台和国家标准等在内的相对完整的网络安全漏洞管理体系。《国家网络空间安全战略》明确指出，要做好等级保护、风险评估、漏洞发现等基础性工作，完善网络安全监测预警和网络安全重大事件应急处置机制。[①] 随着网络安全漏洞管理相关的国家标准和漏洞数据库的不断建设完善，中国网络安全漏洞管理体系已经基本形成。与俄罗斯相比，中国网络安全漏洞管理体系建设还需要加强以下几个方面的工作。

一、改进网络安全漏洞资源收集机制

网络安全漏洞收集是网络安全漏洞管理中的前端工作，直接决定网络安全漏洞管理的质量和效果。俄罗斯在网络安全漏洞收集工作中着眼于“收”和“集”两个层面，不断完善网络安全漏洞资源收集机制。在“收”的层面，不断拓展网络安全漏洞资源的来源，既重视政府、企业、个人等方面的漏洞挖掘能力的提升，也注重对漏洞挖掘工具的研制和推广运用，从而使得漏洞资源收集工作既有专门性的、各层面的漏洞研究队伍的技术能力支撑，也有面向大众的、普遍性的漏洞筛查的扫描工具支撑；在“集”的层面，不断加强网络安全漏洞资源的“归口化”管理，主要体现在：单一数据库收录漏洞信息以避免重复收录、集中实施漏洞信息核查验证以及时有效反馈、统一评估漏洞风险以明确危险等级等。相较俄罗斯，中国在网络安全漏洞资源收集工作中还存在一些问题：如“白帽子”挖掘漏洞缺乏立法规范导致漏洞收集来源不够，漏洞扫描工具推广不足导致漏洞收集工作群众基础不牢，多个权威漏洞数据库同时收录漏洞信息导致漏洞资源底数不清等等。因此，有

---

① 国家网络空间安全战略［EB/OL］.［2022－7－19］. http：//www. cac. gov. cn/2016－12/27/c_1120195926. htm.

必要做好以下工作以不断改进网络安全漏洞资源收集机制：一是立法规范公私合作漏洞挖掘工作，尤其是明确“白帽子”挖掘漏洞行为的法律边界；二是组织推动漏洞扫描工具的研发和推广运用，最大程度规避漏洞安全风险；三是明确漏洞资源收集归口数据库，统一漏洞资源信息收录，切实提高网络空间安全的漏洞防范能力。

二、健全网络安全漏洞风险管控机制

2022 年 9 月，中国信息安全测评中心牵头编写、发布的《2022 上半年网络安全漏洞态势观察》报告认为，“2022 年上半年，网络安全漏洞形势依旧严峻，高危漏洞数量不断增长，漏洞利用渐趋隐蔽，融合叠加风险攀升，漏洞利用成为重大网络安全热点事件的风险点以及国家级 APT（高级持续性威胁）活动的新手段”①，明确指出了中国面临的网络安全漏洞风险的严峻形势。之所以出现这种情况，主要是由于以下这些原因：网络安全漏洞风险意识不足导致网络安全漏洞发现后难以及时修复，网络安全漏洞修复管理规范缺乏导致漏洞修复周期过长，网络安全漏洞危险等级不统一导致漏洞风险处置不规范等。因此，为了降低网络安全漏洞风险，有必要进一步健全网络安全的漏洞风险管控机制。一是制定网络安全漏洞风险管控细则，明确不同风险等级网络安全漏洞修复的时间标准及相应违规处罚措施，对未及时更新漏洞补丁数据库以修复网络安全漏洞的相关组织、单位和个人追究责任。二是对国家关键信息基础设施使用的相关软硬件产品实施网络安全漏洞检测，主要采取自检和抽检的方式：在相关软硬件产品交付使用前，由生产商或供应商等实施漏洞安全检测；在相关软硬件产品投入使用运行后，由国家相关安全部门采取定期或不定期抽测。对未能及时修复网络安全漏洞的相关组织、单位要求限期整改乃至进行处罚。三是对存在重大网络安全漏洞风险的软硬件产品实

---

① 2022 上半年网络安全漏洞态势观察［EB/OL］.［2022－7－19］. http：//www. itsec. gov. cn/zxxw/202209/P020220902118368141314. pdf.

施强制召回政策，避免出现影响关键信息基础设施运行、大规模用户隐私泄露等重大安全事故。

三、完善网络安全漏洞共享协同机制

2021 年 9 月，由工业和信息化部、国家互联网信息办公室、公安部联合印发施行的《网络产品安全漏洞管理规定》要求，要建立网络安全漏洞共享协同机制。但从现实情况来看，这一机制的运行还存在网络安全漏洞信息共享机制不够畅通、网络安全漏洞处置不够协同等问题。2021 年 11 月 24 日，阿里云计算有限公司在阿帕奇 Log4j2 组件中发现了一个重大的网络安全漏洞，但是并没有按照《网络产品安全漏洞管理规定》的规定，在 2 天内上报给工业和信息化部，而是第一时间反馈给了美国的阿帕奇基金会，致使网络安全漏洞风险失管失控。直至 12 月 9 日，工业和信息化部收到有关网络安全专业机构报告，发现阿帕奇 Log4j2 组件存在严重安全漏洞，召集阿里云、网络安全企业、网络安全专业机构等开展研判，并向行业单位进行风险预警，但阿里云仍未向工业和信息化部报告。此后，工业和信息化部网络安全管理局决定暂停阿里云计算有限公司作为工业和信息化部网络安全威胁信息共享平台合作单位 6 个月。从这一事例可以看出，中国网络安全漏洞协同处置机制还需要进行以下三方面的工作：一是建立网络安全漏洞协同处置组织体系；二是由国家互联网信息办公室领衔制定网络安全漏洞协同处置规范，明确网络安全漏洞协同处置机制；三是制定网络安全漏洞协同处置责任制度。针对网络产品软硬件漏洞，明确网络产品生产方、运营方及网络安全管理部门、网络业务管理部门等之间的责任划分。

第五节　探索建设国家网络空间靶场体系

从世界范围来看，各个国家网络空间安全建设的核心就是保护关键信息

基础设施。网络空间靶场作为应对和解决网络空间安全风险、保障关键信息基础设施安全的重要平台，已经成为各国网络空间安全建设的重点。尽管俄罗斯网络空间靶场体系建设起步较晚，但是其发展已经取得一定成效，科学借鉴其建设发展经验，对于探索建设中国国家网络空间靶场体系具有重要启示意义。

一、出台国家网络空间靶场体系建设顶层规划

科学合理的顶层规划是国家网络空间靶场体系建设发展的重要前提。在这方面，俄罗斯以《俄罗斯联邦数字经济国家规划·信息安全联邦项目》明确了国家网络靶场体系建设的目标、周期及责任单位等，以《联邦预算拨款用于建设和运营网络空间靶场以培训信息安全与信息技术领域人员、专家和管理者》政府法令明确了网络空间靶场体系建设的财政拨款程序、规则及标准等，以《建设网络空间靶场以培训现代安全保障信息安全与信息技术领域人员、专家和管理者工作指南》明确了网络空间靶场体系建设的具体任务、目标要求和技术标准等。通过这一系列具体文件，基本构建起了俄罗斯网络空间靶场体系的顶层规划。2019 年 9 月，工业和信息化部公布了《关于促进网络安全产业发展的指导意见（征求意见稿）》，明确提出了“建设网络安全测试验证、培训演练、设备安全检测等共性基础平台”①，首次在国家层面提出了推动网络空间靶场建设的任务。与俄罗斯相比，中国目前还没有制定关于国家网络空间靶场建设的战略规划文件，缺乏对建设国家网络空间靶场体系建设的统筹指导，各部门、各行业和各组织的网络空间靶场建设还处于整体无序状态。因此，有必要尽快制定颁布国家网络空间靶场建设规划及相应行业标准、建设规范和相关配套政策文件，为国家网络空间靶场体系建设提供完善的顶层设计。

---

① 关于促进网络安全产业发展的指导意见（征求意见稿）[EB/OL]. [2022-7-22]. http://www.cac.gov.cn/2019-09/27/c_1571114011459248.htm.

二、加快国家网络空间靶场试点建设的示范引导

俄罗斯在建设国家网络空间靶场体系的进程中，充分考虑本国已有网络空间靶场建设实际，结合国家网络空间安全需求，以俄罗斯电信下属网络空间安全领域子公司俄罗斯电信公司－索拉尔的网络空间靶场为中心靶场，充分借鉴该靶场建设的成功经验，在不同行业领域和地区不断拓展网络空间靶场数量，逐渐构建起俄罗斯网络空间靶场体系的平台基础。目前中国网络空间靶场建设发展主要有两种类型：一类是私营网络安全企业根据市场需求建设的网络空间靶场。国内数字安全领域咨询机构数世咨询发布的《数字靶场能力点阵图2022》报告指出，“360 政企安全、烽台科技、绿盟科技、赛宁网安、永信至诚在这两年发展迅猛。尤其是科技馆、城市基地相关项目的涌现，使得数字靶场收入呈现井喷的情况……此外，近年来有不少新的企业进入数字靶场领域，尽管这些企业当前各自的市场份额很小，但是发展潜力很大。”① 另一类是政府主导建设的网络空间靶场。随着中国“数字中国”战略的实施，尤其是国家智慧城市试点工作的不断推进，城市数字基础设施安全日益成为制约智慧城市建设发展的瓶颈。网络空间靶场作为城市数字基础设施建设进程中安全性测试的重要平台，其建设发展备受各地政府重视。如贵州省贵阳市作为全国首个大数据综合实验区，自 2016 年开始探索建设大数据安全靶场。2018 年，全国首个大数据安全靶场在贵阳国家经济技术开发区正式揭牌。② 目前，该靶场已经建成一系列核心库，为贵州智慧城市建设筑起了安全屏障。从国家大数据安全靶场开展的演、训、测实践效果及全国数字基础设施建设安全需求来看，尽快发挥国家大数据安全靶场建设的示范引导作用，加快建设国家层面的、部署在各

---

① 数字靶场能力点阵图 2022 ［EB/OL］．［2022－7－22］．https：//www. dwcon. cn/post/1788.

② 全国首个国家大数据安全靶场升级［EB/OL］．［2022－7－22］．http：//www. cac. gov. cn/2019－08/31/c_1124940584. htm.

行业领域及地区的、分布式的网络空间靶场，构建起中国网络空间靶场体系的平台基础。

三、建立国家网络空间靶场体系的组织管理架构

俄罗斯在建设国家网络空间靶场体系的进程中，以《联邦预算拨款用于建设和运营网络空间靶场以培训信息安全与信息技术领域人员、专家和管理者》政府法令及其他文件为法律基础，建立起了以俄罗斯联邦数字发展、通信和大众传媒部网络空间安全司为行政管理监管机构，以俄罗斯电信下属企业俄罗斯电信公司－索拉尔为技术实施组织机构，以远东联邦大学、黛索非特公司等高等教育机构和私营企业为具体承建运营机构在内的，开放式的国家网络空间靶场组织管理架构。中国网络空间靶场在建设发展进程中，还没有形成统一的组织管理架构，已建成并处于运营中的网络空间靶场的责任机构包括政府部门、企事业单位及一系列网络空间安全领域的私营企业。借鉴俄罗斯网络空间靶场体系组织管理架构建设经验，结合中国网络空间靶场建设发展实际情况，有必要建立起以国家安全部门为总的规划管理机构，以各省、市网信部门为地区建设监督机构，以各网络空间靶场建设运营组织为具体责任单位的组织管理架构，有效提升中国网络空间安全防护能力。

参考文献

一、 中文文献

[1] 班婕，鲁传颖．从《联邦政府信息安全学说》看俄罗斯网络空间战略的调整［J］．信息安全与通信保密，2017（2）．

[2] 陈庆安，赵路．俄罗斯国家网络安全立法动态研究［J］．铁道警察学院学报，2021（3）．

[3] 官晓萌．俄罗斯网络安全领域最新法律分析［J］．情报杂志，2019（11）．

[4] 桂婷．俄罗斯网络空间治理最新动向、趋势及对我国启示［J］．国际公关，2021（10）．

[5] 胡哲民．新世界俄罗斯信息安全战略的转变［D］．中国人民大学，2011.

[6] 何治乐，孔华锋，黄道丽．俄罗斯关键信息基础设施保护立法研究［J］．计算机应用与软件，2017（8）．

[7] 姜振军，齐冰．俄罗斯国家信息安全面临的威胁及其保障措施分析［J］．俄罗斯东欧中亚研究，2014（6）．

[8] 李璐，薄菁，何昊坤，郭培馨．俄罗斯信息安全保障政策浅谈［J］．保密科学技术，2020（9）．

[9] 李淑华．俄罗斯加强网络审查状况分析［J］．俄罗斯东欧中亚研究，

2015（6）.

［10］刘勃然．俄罗斯网络安全治理机制探析［J］．西伯利亚研究，2016（6）.

［11］刘戈．俄罗斯信息社会的构建［M］．哈尔滨：黑龙江人民出版社，2012.

［12］刘杨钺．在断网与建网间：俄罗斯网络安全战略部署［J］．保密工作，2020（4）.

［13］龙长海．俄罗斯应对极端主义网络传播的措施及启示［J］．犯罪研究，2016（6）.

［14］马海群．从《俄罗斯联邦信息安全学说》解读俄罗斯信息安全体系［J］．现代情报，2020（5）.

［15］马海群，张涛，所铃峰．俄罗斯信息安全领域文献研究热点及演变分析（2005—2019）［J］．科技情报研究，2020（3）.

［16］马强．俄罗斯数字化转型与网络公共领域的生成［J］．俄罗斯学刊，2022（2）.

［17］马天骄．俄罗斯网络空间治理——以互联网政治为视角［J］．俄罗斯学刊，2021（2）.

［18］米铁男．俄罗斯网络数据流通监管研究［J］．中国应用法学，2021（1）.

［19］苗争鸣．“碎片化”的网络空间趋势——基于俄罗斯“断网”的研究［J］．信息安全与通信保密，2020（9）.

［20］娜娃．俄罗斯网络犯罪刑法规制研究［D］．北京邮电大学，2020.

［21］所铃峰．俄罗斯网络安全治理研究［D］．黑龙江大学，2022.

［22］上海太平洋国际战略研究所．俄罗斯国家安全决策机制［M］．北京：时事出版社，2007.

［23］王康庆，孟禹廷．俄罗斯网络安全法发展简述及其对我国的启示［J］．江苏警官学院学报，2018（2）.

［24］王康庆．俄罗斯网络安全法发展实证分析［J］．中国信息安全，2016（12）．

［25］汪丽．新版国家安全战略与俄罗斯网络空间安全部署［J］．信息安全与通信保密，2021（10）．

［26］王舒毅．俄罗斯网络安全战略的主要特点［J］．保密工作，2016（8）．

［27］王智勇，刘杨钺．“主权互联网法案”与俄罗斯网络主权实践［J］．信息安全与通信保密，2020（10）．

［28］肖军．俄罗斯信息安全体系的建设与启示［J］．情报杂志，2019（12）．

［29］谢飞．俄罗斯网络空间安全战略发展研究罗斯网络应用与监管［J］．传媒，2016（9）．

［30］薛国兴．俄罗斯国家安全理论与实践［M］．北京：时事出版社，2011.

［31］由鲜举，江欣欣．俄罗斯网络安全技术管理框架研究［J］．保密科学技术，2019（7）．

［32］由鲜举，高尚宝．《俄罗斯联邦信息安全学说（2016）》解读［J］．保密科学技术，2016（12）．

［33］由鲜举，李爽．浅析俄罗斯信息空间建设的政策框架体系［J］．保密科学技术，2017（12）．

［34］余丽．互联网国际政治学［M］．北京：中国社会科学出版社，2017.

［35］张建文，贾佳威．俄罗斯个人信息处理中的国家监督与监察［J］．保密科学技术，2019（8）．

［36］张孙旭．俄罗斯网络空间安全战略发展研究［J］．情报杂志，2016（12）．

［37］章时雨．俄罗斯信息安全战略态势变化分析［J］．信息安全与通信

保密，2021（10）.

［38］朱峰，王丽，谭立新．俄罗斯的自主可控网络空间安全体系［J］.信息安全与通信保密，2014（9）.

二、 外文文献

［1］Азаров М С，Махашевич Д В. Отечественное программное обеспечение как фактор цифрового суверенитета Российской Федерации［J］. Вестник Российской правовой академии，2021（5）.

［2］Акимова А А. Эволюция роли россии в обеспечении международной кибербезопасности［C］. В сборнике：Россия в глобальном мире：новые вызовы и возможности. Сборник работ VI Всероссийской студенческой научной конференции（с международным участием），2018.

［3］Алиев В М，Соловых Н Н. Цифровая экономика поставила нас перед необходимостью решения проблемы обеспечения цифрового суверенитета［J］. Безопасность бизнеса，2018（3）.

［4］Анурьева М С. Современная система образования в области информационной безопасности в российской федерации［J］. Вестник Тамбовского университета. Серия：Гуманитарные науки，2018（23）.

［5］Архангельский О Д，Кузнецов А В，Сютов Д В，Никонёнок М П. Опыт проведения киберучений на национальном киберполигоне［J］. Автоматизация в промышленности，2021（11）.

［6］Архангельский О Д，Сютов Д В，Кузнецов А В. Практические подходы к созданию инфраструктуры индустриального киберполигона［J］. Автоматизация в промышленности，2020（11）.

［7］Башметов В С，Соболев М П. Суперкомпьютеры – технологический суверенитет страны［J］. Актуальные вопросы образования и науки，2014（5）.

[8] Белов Е Б. Актуальные направления развития системы профессионального образования в области информационной безопасности [J]. Информационное противодействие угрозам терроризма, 2015 (25).

[9] Белов Е Б. О состоянии и развитии материально – технического обеспечения образовательных организаций, реализующих образовательные программы высшего образования в области информационной безопасности [J]. Информационное противодействие угрозам терроризма, 2015 (25).

[10] Беляков М И, Якунин В И. Подход к моделированию целенаправленного процесса функционирования системы обеспечения информационной безопасности объекта критической информационной инфраструктуры [J]. Методы и технические средства обеспечения безопасности информации, 2020 (9).

[11] Бобров В Н, Захарченко Р И, Бухаров Е О, Калач А В. Системный анализ и обоснование выбора моделей обеспечения киберустойчивого функционирования объектов критической информационной инфраструктуры [J]. Вестник Воронежского института ФСИН России, 2019 (4).

[12] Бояров Е Н. Организационно – педагогические условия подготовки бакалавров образования в области безопасности жизнедеятельности в безопасной информационной образовательной среде [J]. Мир науки, 2016 (2).

[13] Буйневич М В, Израилов К Е, Кривенко А А. Игровые обучающие системы по кибербезопасности: обзор и критериальное сравнение [J]. Вестник Санкт – Петербургского государственного университета технологии и дизайна (Серия 1: Естественные и технические науки), 2021 (4).

[14] Буланкина Е В. Особенности современного этапа государственного регулирования сферы интернет – услуг в российской федерации [J]. Бизнес. Образование. Право, 2018 (1).

［15］Бурькова Е В. Профессиональная подготовка специалистов в области информационной безопасности［J］. Вестник Оренбургского государственного университета, 2016（2）.

［16］Бурькова Е В, Рычкова А А. Некоторые аспекты категорирования высшего учебного заведения как субъекта критической информационной инфраструктуры［J］. Научно－технический вестник Поволжья, 2022（4）.

［17］Бушмелева Н А, Разова Е В. Формирование компетенций в области информационной безопасности в системе высшего педагогического образования［J］. Научно－методический электронный журнал Концепт, 2017（2）.

［18］Ванцева И О, Зырянова Т Ю, Медведева О О. Влияние федерального закона “о безопасности критической информационной инфраструктуры российской федерации” на владельцев критических информационных инфраструктур［J］. Вестник УрФО. Безопасность в информационной сфере, 2018（1）.

［19］Василенко В В, Сидак А А. Установление требований и синергия системы обнаружения, предупреждения и ликвидации последствий компьютерных атак［J］. Информационные войны, 2019（1）.

［20］Васин А Л. Новый этап обеспечения цифрового суверенитета россии［C］. В сборнике: Государство и право в цифровую эпоху. Материалы международной научно－практической конференции Санкт－Петербург, 2022

［21］Власов А Ю. Управление инцидентами в компьютерных системах и сетях［J］. Вестник молодых ученых Санкт－Петербургского государственного университета технологии и дизайна, 2020（1）.

［22］Володенков С В, Воронов А С, Леонтьева Л С, Сухарева М. Цифровой суверенитет современного государства в условиях технологических трансформаций: содержание и особенности［J］. Полилог, 2021（1）.

[23] Володенков С В. Интернет – пространство в системе глобального политического управления: основные сценарии трансформации [J]. Вестник Российской нации, 2017 (4).

[24] Гавдан Г П, Иваненко В Г, Салкуцан А А. Обеспечение безопасности значимых объектов критической информационной инфраструктуры [J]. Безопасность информационных технологий, 2019 (4).

[25] Галимулина Ф Ф. Цифровые инструменты управления промышленным предприятием в условиях укрепления технологического суверенитета [J]. Вестник Белгородского университета кооперации, экономики и права, 2022 (4).

[26] Генгринович Е Л. Информационная безопасность критической инфраструктуры [J]. Автоматизация в промышленности, 2015 (2).

[27] Горелик В Ю, Безус М Ю. О безопасности критической информационной инфраструктуры российской федерации [J]. StudNet, 2020 (9).

[28] Горохова С С. О некоторых аспектах обеспечения безопасности критической информационной инфраструктуры в российской федерации [J]. Право и политика, 2018 (6).

[29] Горян Э В. Идентификация объектов критической информационной инфраструктуры в российской федерации и сингапуре: сравнительно – правовой аспект [J]. Административное и муниципальное право, 2018 (11).

[30] Горян Э В. Сотрудничество россии и асеан в сфере кибербезопасности: промежуточные результаты и перспективы дальнейшего развития [J]. Вопросы безопасности, 2018 (6).

[31] Гуляева О А, Андреев А В, Мардас Д А. Роль кибергигиены, биометрии в обеспечении цифрового суверенитета компаний в современных экономических условиях [J]. Инновации и инвестиции, 2021 (11).

［32］Довгий С，Колотов В，Сторожук Н. Влияние кибербезопасности на суверенитет страны и перспективы российско – вьетнамского сотрудничества［J］. Первая миля，2019（6）.

［33］Долматов А В，Долматова Л А. Анализ практики правового регулирования цифровой среды и предотвращения киберпреступлений［J］. Вестник Санкт – Петербургской юридической академии，2020（4）.

［34］Дорофеев А В，Марков А С. Методические основы киберучений и ctf – соревнований［J］. Защита информации. Инсайд，2022（2）.

［35］Дружин О В，Журавлев С И，Масановец В В，Сороковиков В И，Трубиенко О В. Научно – методологические подходы，принципы формирования учебно – лабораторной базы（киберполигонов，комплексов，лабораторий，учебно – тренировочных средств）по реализации образовательных программ в области информационной безопасности［J］. Информационное противодействие угрозам терроризма，2015（25）.

［36］Дудин М Н，Шкодинский С В，Усманов Д И. Цифровой суверенитет россии：барьеры и новые траектории развития［J］. Проблемы рыночной экономики，2021（2）.

［37］Евсеев В Л，Прохоров С В. Кадровое обеспечение системы кибербезопасности россии［J］. Информатизация и связь，2012（8）.

［38］Елизарова Е О，Настич В М，Чекулаев С С. Правовое регулирование цифровой безопасности в россии и странах атр и ее соотношение с кибербезопасностью［J］. Юридическая наука，2020（6）.

［39］Елькин Д М，Вяткин В В. На пути к интернету вещей в управлении транспортными потоками：обзор существующих методов управления дорожным движением［J］. Известия ЮФУ. Технические науки，2019（5）.

［40］Ешев М А，Марков П Н，Беликов А В，Датхужева Д

А. Особенности реализации закона о “суверенном рунете” в российском обществе [J]. Вопросы российского и международного права, 2022 (4).

[41] Жаворонкова Н Г, Шпаковский Ю Г. Правовое регулирование противодействия кибертерроризму в условиях четвертой промышленной революции [J]. Юридическая наука в Китае и России, 2020 (3).

[42] Зенкина Е В, Ломаченков А М. Проблемы кибербезопасности в россии и пути их решения [J]. Экономические преобразования: теория и практика, 2022 (1).

[43] Иванов И П, Тимофеев В В, Кирюшин И И. Разработка компетентностной модели специалиста в области кибербезопасности [J]. Вестник Калининградского филиала Санкт – Петербургского университета МВД России, 2022 (2).

[44] Зубенко В В, Крицкая А А, Солдатова Н П. Возможные пути совершенствования оперативно – розыскной деятельности, обеспечивающие кибербезопасность россии [C]. В сборнике: Криминалистика: актуальные вопросы теории и практики. сборник материалов Международной научно – практической конференции, 2020.

[45] Исакова В С. “Суверенный рунет” и “великий китайский файрвол”: сравнительно – правовой анализ [J]. Государственная власть и местное самоуправление, 2022 (2).

[46] Калакуток Б А. Роль регулирования кибербезопасности в условиях цифровизации национальной экономики [J]. Экономика и предпринимательство, 2021 (6).

[47] Калина И И, Чернобай Е В, Коверова М И. Вклад российской школы в формирование технологического суверенитета страны [J]. Образовательная политика, 2022 (2).

［48］ Калашников А О，Аникина Е В，Остапенко Г А，Борисов В И. Влияние новых технологий на информационную безопасность критической информационной инфраструктуры［J］. Информация и безопасность，2019（2）.

［49］ Карцхия А А，Севостьянов В Л. Информационная безопасность：правовые аспекты［J］. Правовая информатика，2018（4）.

［50］ Касенова М Б. Глобальное управление интернетом в контексте современного международного права［J］. Индекс безопасности，2013（1）.

［51］ Касенова М Б. Форум по управлению интернетом（igf）в трансграничном управлении интернетом［J］. Евразийский юридический журнал，2014（1）.

［52］ Ковалев О Г，Семенова Н В. Кибербезопасность современной россии：теоретические и организационно – правовые аспекты［J］. Столыпинский вестник，2020（1）.

［53］ Козьминых С И. Взаимодействие объектов топливно – энергетического комплекса с ГосСОПКА［J］. Информационные ресурсы России，2020（1）.

［54］ Колтунова Т В，Колтунов Н Л. Правовые аспекты обеспечения информационной безопасности в критической информационной инфраструктуре［J］. Евразийский юридический журнал，2022（3）.

［55］ Коляса В С. Правовые проблемы законопроекта № 608767 – 7 “о суверенном рунете”［J］. Студенческий вестник，2018（18）.

［56］ Кочкина Э Л. Определение понятия “киберпреступление”. отдельные виды киберпреступлений［J］. Сибирские уголовно – процессуальные и криминалистические чтения，2017（3）.

［57］ Кошелева О А. Цифровой суверенитет государства［J］. Интернаука，2020（5）.

［58］ Краснов А Е，Мосолов А С，Феоктистова Н А. Оценивание

устойчивости критических информационных инфраструктур к угрозам информационной безопасности [J]. Безопасность информационных технологии, 2021 (1).

[59] Крутских А В, Зиновьева Е С, Булва В И, Алборова М Б, Юдина Ю А. Международная информационная безопасность: подходы россии [R]. Аналитический доклад / Москва, 2022.

[60] Кузьменко И Я. План работы по обеспечению безопасности критической информационной инфраструктуры (кии) [J]. Инновации. Наука. Образование, 2021 (47).

[61] Кукишев Д А. О подходах сша в области подготовки специалистов по кибербезопасности [J]. Оборонный комплекс – научно – техническому прогрессу России, 2015 (1).

[62] Кумышева М К. Противодействие кибертерроризму в цифровую эпоху [J]. Евразийский юридический журнал, 2022 (3).

[63] Курбатов Н М. Изменения в нормативном правовом регулировании обеспечения безопасности критической информационной инфраструктуры Российской Федерации [J]. Вестник Удмуртского университета. Серия Экономика и право, 2019 (3).

[64] Курысев К Н, Гофман А А. Некоторые аспекты цифровизации деятельности правоохранительных органов [J]. Вестник Владимирского юридического института, 2019 (4).

[65] Леднева О В. Развитие цифровой экономической трансформации в аспекте кибербезопасности и конфиденциальности пользователей россии [J]. Вопросы инновационной экономики, 2022 (1).

[66] Лепешкина О И. Киберпреступность как угроза национальной безопасности [J]. Теоретическая и прикладная юриспруденция, 2012 (2).

[67] Лепешкина О И. О создании эффективного правового механизма противодействия киберпреступности в россии [C]. В сборнике: Уголовное законодательство: вчера, сегодня, завтра. Материалы ежегодной всероссийской научно－практической конференции, 2022.

[68] Лившиц И И, Неклюдов А В. Кибербезопасность－новое понятие или хорошо известное настоящее? [J]. Автоматизация в промышленности, 2018 (7).

[69] Лившиц И И, Неклюдов А В. Обеспечение цифрового суверенитета россии [J]. Стандарты и качество, 2017 (8).

[70] Лившиц И И. Об актуальных проблемах образования в области информационной безопасности [J]. Автоматизация в промышленности, 2019 (9).

[71] Литвинов Д А. ценка политики россии в области кибербезопасности и возможные варианты ее совершенствования [J]. Вестник науки и образования, 2019 (9).

[72] Лобач Д В, Смирнова Е А. Состояние кибербезопасности в россии на современном этапе цифровой трансформации общества и становление национальной системы противодействия киберугрозам [J]. Территория новых возможностей. Вестник Владивостокского государственного университета экономики и сервиса, 2019 (4).

[73] Лось В П. Проблемные вопросы развития образования в области информационной безопасности [J]. Вестник МГТУ МИРЭА, 2015 (3).

[74] Лукина О А. Защита промышленности россии от кибератак как один из элементов правоохранительных функций государства [C]. В сборнике: Актуальные проблемы правовой защиты бизнеса: вызовы и риски современности и пути их разрешения. сборник статей Международной научно－практической

конференции, 2019.

[75] Лобач Д В, Смирнова Е А. Состояние кибербезопасности в россии на современном этапе цифровой трансформации общества и становление национальной системы противодействия киберугрозам [J]. Территория новых возможностей. Вестник Владивостокского государственного университета экономики и сервиса, 2019 (4).

[76] Магомедов Р Р. Россия и проблема создания системы международной информационной безопасности [C]. В книге: Актуальные проблемы и перспективы в сфере инженерной подготовки. Оренбургский филиал Поволжского государственного университета телекоммуникаций и информатики, 2021.

[77] Максимова Е А, Буйневич М В. Метод оценки инфраструктурной устойчивости субъектов критической информационной инфраструктуры [J]. Вестник УрФО. Безопасность в информационной сфере, 2022 (1).

[78] Максимова Е А, Садовникова Н П. Межсубъектное взаимодействие как источник деструктивных воздействий на субъекте критической информационной инфраструктуры [J]. Прикаспийский журнал: управление и высокие технологии, 2021 (2).

[79] Мамедов В Р. Влияние технологического прогресса на трансформацию сущности государственного суверенитета [J]. Инновации и инвестиции, 2021 (8).

[80] Маргарян Н В. Об изменениях в фз "о связи" и фз "об информации, информационных технологиях и о защите информации" [J]. Вестник науки, 2020 (12).

[81] Матвеев К С, Неустроев Б М. Кибербезопасность в россии [J]. Инновации. Наука. Образование, 2020 (28).

［82］Марков А С, Тимофеев Ю А. Стандарты кибербезопасности четвертой промышленной революции и индустрии 4.0［J］. Защита информации. Инсайд, 2021（3）.

［83］Мельник С В. Теоретические, методологические и технологические аспекты профессиональной подготовки будущих специалистов по кибербезопасности［J］. Актуальные научные исследования в современном мире, 2016（10）.

［84］Месенгисер Я Я, Малахов М А, Милославская Н Г. Центры управления сетевой безопасностью как силы ГосСОПКА［J］. Безопасность информационных технологий, 2022（1）.

［85］Метельков А Н. Киберучения: зарубежный опыт защиты критической инфраструктуры［J］. Правовая информатика, 2022（1）.

［86］Минцева М В. Управление репутацией организации в сети интернет［J］. Молодой ученый, 2019（25）.

［87］Монахов М Ю, Тельный А В, Мишин Д В. О возможностях использования киберполигонов в качестве оценочных средств определения уровня сформированности компетенций［J］. Информационное противодействие угрозам терроризма, 2015（25）.

［88］Мордвинов К В, Удавихина У А. Киберпреступность в россии: актуальные вызовы и успешные практики борьбы с киберпреступностью［J］. Теоретическая и прикладная юриспруденция, 2022（1）.

［89］Нарышкин А А. Цифровая дипломатия как фактор обеспечения реального суверенитета россии［J］. Дипломатическая служба, 2021（6）.

［90］Мухачев С В, Кобяков А В. Об ограничении распространения информации в сети интернет в россии［J］. Вестник УрФО. Безопасность в информационной сфере, 2019（4）.

［91］Мухортов О И，Ерышов В Г，Тарасов М В. Анализ современных подходов к подготовке специалистов в области ИБ［C］. В сборнике: Научные исследования в современном мире. Теория и практика. Сборник избранных статей Всероссийской（национальной）научно－практической конференции，2022.

［92］Никольская К Ю. Развитие правового обеспечения кибербезопасности в россии［J］. Аграрное и земельное право，2020（11）.

［93］Никоненко Н Д，Климашенко В В. Обеспечение цифрового суверенитета Российской Федерации как базис цифровой трансформации［J］. Актуальные научные исследования в современном мире，2021（11）.

［94］Павличева Е Н，Федин Ф О，Чискидов А С，Глыбин Н Ф. Модель нарушителя информационной безопасности объекта критической информационной инфраструктуры торговой площадки транспортных услуг［J］. Вестник компьютерных и информационных технологий，2021（5）.

［95］Пенерджи Р В，Гавдан Г П. Информационная безопасность государственных информационных систем［J］. Безопасность информационных технологий，2020（3）.

［96］Перенесеев Н М，Сивашов Г Н. Обзор государственной системы обнаружения，предупреждения и ликвидации последствий компьютерных атак［C］. В сборнике: Инновации и научно－техническое творчество молодежи. Материалы Российской научно－технической конференции. Новосибирск，2022.

［97］Петров А С. Правовое обеспечение кибербезопасности оборота цифровых финансовых активов［J］. Вестник Университета имени О. Е. Кутафина（МГЮА），2022（4）.

［98］Пичкалева Л О. Кибербезопасность и киберпреступления в россии［C］. В сборнике: Сборник материалов XLIX Всероссийской студенческой научной конференции ИЭиУ ФГБОУ ВО “УдГУ”, 2021.

[99] Плотников А В, Иванова А Н, Боровых К О, Ощепков А М. Управление репутацией компании в интернете: инструменты управления репутацией, их применение и оценка эффективности [J]. Креативная экономика, 2021 (10).

[100] Полякова Т А, Бойченко И С. Информационная безопасность через призму национального проекта “цифровая экономика”: правовые проблемы и векторы решений [J]. Право и государство: теория и практика, 2019 (2).

[101] Попов М В, Мамаева Л Н. Кибербезопасность как элемент национальной безопасности россии [J]. Вестник Саратовского государственного социально – экономического университета, 2019 (5).

[102] Пронина А В. Стандартизация в процессах формирования цифровой экономики [C]. В сборнике: Стратегии и инструменты управления экономикой: отраслевой и региональный аспект. Материалы VIII Международной научно – практической конференции, 2019.

[103] Пржегорлинский В Н. Создание единого государственного информационно – образовательного пространства как стратегическое направление совершенствования дополнительного профессионального образования в области информационной безопасности [J]. Информационное противодействие угрозам терроризма, 2015 (25).

[104] Роберт И В. Перспективные научно – педагогические исследования в области информатизации профессионального образования [J]. Наукоград наука производство общество, 2016 (2).

[105] Родионычева Е Д, Данилова С В. Категорирование объектов критической информационной инфраструктуры медицинских организаций как

способ повышения уровня информационной безопасности [J]. Вестник Ивановского государственного университета. Серия: Экономика, 2020 (4).

[106] Рудинский И Д, Околот Д Я. Социальные сети образовательного назначения как объект защиты при подготовке специалистов по информационной безопасности [J]. Открытое образование, 2019 (1).

[107] Рукосуев А О, Аврамчикова Н Т. Обеспечение информационной безопасности цифровых технологий в системе государственного управления (на примере ведомственного центра ГосСОПКА красноярского края) [J]. Фундаментальные исследования, 2021 (1).

[108] Саух И А. Объекты критической информационной инфраструктуры в условиях возникновения информационных атак [J]. Инновации. Наука. Образование, 2022 (49).

[109] Светлов А Н. Инструменты цифровой трансформации ит – отрасли. цифровой суверенитет [J]. Цифровая экономика, 2021 (2).

[110] Семченков А С. Угрозы национальной критической информационной инфраструктуре и политическая дестабилизация современных государств [J]. Вестник Российской нации, 2017 (4).

[111] Скоморохин Д В. К вопросу защиты объектов критической информационной инфраструктуры в российскойфедерации [J]. Аллея науки, 2021 (7).

[112] Скрыль С В, Гайфулин В В, Домрачев Д В, Сычев В М, Грачёва Ю В. Актуальные вопросы проблематики оценки угроз компьютерных атак на информационные ресурсы значимых объектов критической информационной инфраструктуры [J]. Безопасность информационных технологий, 2021 (1).

[113] Смирнов В М, Онипенко С А. Современные киберугрозы и их характеристикии [J]. Современные проблемы лингвистики и методики

преподавания русского языка в ВУЗе и школе，2022（33）.

［114］Степаненко С И. ГосСОПКА в области критической информационной инфраструктуры Российской Федерации［C］. В сборнике：The World of Science Without Borders，2022.

［115］Столяров В. Интернет. рф. особенности нового закона［J］. Системный администратор，2020（1）.

［116］Стромилов В В. Реализация национальной программы "цифровая экономика" на современном этапе［J］. Труды Северо－Кавказского филиала Московского технического университета связи и информатики，2021（1）.

［117］Сурма И В. Кибернато и угрозы цифровому суверенитету россии［C］. В сборнике：Прогнозируемые вызовы и угрозы национальной безопасности российской федерации и направления их нейтрализации，2021.

［118］Сурма И В. Североатлантический альянс и угрозы цифровому суверенитету россии［J］. Вопросы политологии，2022（1）.

［119］Сычева Е А. Направления развития кибербезопасности в россии［C］. В сборнике：Актуальные проблемы юриспруденции，2022.

［120］Тарандо Е Е，Градусова В Н. Особенности и опыт функционирования электронного правительства в россии［J］. Управление городом：теория и практика，2019（3）.

［121］Тараскина С Н. Формирование профессиональной компетенции в области информационной безопасности преподавателей среднего профессионального образования［J］. Педагогическая информатика，2019（3）.

［122］Тельнов Г В，Бухонский М И. Учебно－лабораторный киберполигон комплексного технического контроля［J］. Информационное противодействие угрозам терроризма，2015（25）.

［123］Трофимов М С，Польшина А Д. К вопросу о реализации права на доступ к информации в условиях введения автономного рунета [J]. Молодой ученый, 2020 (21).

[124] Трунцевский Ю В. Неправомерное воздействие на критическую информационную инфраструктуру: уголовная ответственность ее владельцев и эксплуатантов [J]. Журнал российского права, 2019 (5).

[125] Увижева А В, Койбаев Б Г, Пех А А. Проблемы кибербезопасности в условиях регулирования межгосударственных отношений в информационном пространстве: позиция россии [J]. Теории и проблемы политических исследований, 2020 (5).

[126] Фалеев М И, Сардановский С Ю. Вопросы кибербезопасности в современной государственной политике в области национальной безопасности [J]. Технологии гражданской безопасности, 2016 (2).

[127] Фальцман В К. Технологические суверенитеты россии. статистические измерения [J]. Современная Европа, 2018 (3).

[128] Фисун В В. Интеллектуальная система управления информационной безопасностью объектов критической информационной инфраструктуры [J]. Перспективы науки, 2020 (11).

[129] Харланов Р Л. Правовые основы обеспечения безопасности критической информационной инфраструктуры в россии [J]. Современная наука: актуальные проблемы теории и практики. Серия: Экономика и право, 2022 (3).

[130] Хуа Л. Кибербезопасность в россии в свете доктрины информационной безопасности рф 2016 года [J]. Мир русскоговорящих стран, 2019 (2).

[131] Хуан М. Эволюция политики суверенного интернета в россии [J]. Вопросы национальных и федеративных отношений, 2020 (6).

[132] Чаленко А Н. Особенности расследования киберпреступлений [J]. Вестник студенческого научного общества ГОУ ВПО “Донецкий национальный университет”, 2018 (10).

[133] Чугунов В В, Найденкова К В. Киберпреступность в российской федерации: экономические последствия и государственные инициативы по борьбе с ней [J]. Российский экономический интернет - журнал, 2022 (2).

[134] Шабрина С А. Обеспечение безопасности критической информационной инфраструктуры [C]. В сборнике: Мавлютовские чтения. Статьи XIV Всероссийской молодежной научной конференции, 2020.

[135] Шнепс - Шнеппе М А, Селезнев С П, Намиот Д Е, Куприяновский В П. О кибербезопасности критической инфраструктуры государства [J]. International Journal of Open Information Technologies, 2016 (7).

[136] Шилинцева Е В, Гарусова Л Н. Кибербезопасность как основной фактор национальной безопасности в россии и республике корея [J]. Синергия Наук, 2020 (6).

[137] Шогенов Т М. Противодействие кибертерроризму как условие прорывного развития экономики россии [J]. Проблемы экономики и юридической практики, 2018 (5).

[138] Штодина Д Д. Глобальное управление интернетом: российский законодательный подход [J]. Евразийский юридический журнал, 2022 (3).

[139] Юревич М А. Кооперация университетов и бизнеса как фактор формирования технологического суверенитета [J]. Проблемы развития территории, 2022 (4).

[140] Яковлева А В. Кибербезопасность и ее правовое регулирование (зарубежный и российский опыт) [J]. Социально - политические науки, 2021 (4).

附　　录

俄罗斯联邦信息安全保障领域科学研究主要方向（摘要）

（俄罗斯联邦安全会议秘书2017年8月31日批准）

一、俄罗斯联邦信息安全保障的科学问题：

1. 信息安全保障的方法问题：

（1）信息安全领域概念（术语）机制的形成问题；

（2）作为社会生活系统性因素的信息领域发展问题；

（3）应对个人、社会、国家和国际社会信息安全威胁和挑战的问题；

（4）俄罗斯联邦信息安全保障体系的发展问题；

（5）现阶段信息领域对俄罗斯联邦竞争力的影响问题；

（6）个人、社会和国家信息安全评估问题；

（7）保护多民族俄罗斯人民精神和道德价值观的问题；

（8）信息安全威胁的识别、判定、分类和评估问题。

2. 信息安全技术保障的规范性法律发展问题：

（1）信息法的发展问题；

（2）信息领域个人、社会和国家利益安全技术保障的法律、法规问题；

（3）国家政策的信息保障体系和大众传媒体系发展领域规范性法律调节问题；

（4）信息技术跨境使用领域关系的规范性法律调节问题；

（5）信息系统和通信网络（包括全球信息基础设施）可持续性和安全使用的规范性法律保障问题。

3. 个人、群体和大众意识安全保障问题：

（1）保护个人、社会和国家免受破坏性信息影响的保障问题；

（2）抵制针对俄罗斯联邦公民包括旨在破坏与保护祖国有关的历史基础和爱国传统的信息影响的问题；

（3）打击利用信息技术宣传恐怖主义、吸引新支持者参与恐怖活动、策划和组织恐怖活动的问题。

4. 打击为犯罪目的使用信息技术的问题。

5. 遏制和预防因侵略性和其他敌对性使用信息技术而可能发生军事冲突的问题。

二、俄罗斯联邦信息安全保障的科学技术问题：

1. 现代信息技术、国内信息化产品、电信和通信产业发展的科学技术问题：

（1）俄罗斯联邦信息基础设施的发展和改进问题；

（2）在创建和使用国产电子元器件和受信任的信息技术、电子计算技术、电信和通信程序领域，保障俄罗斯联邦技术独立的问题；

（3）预防在信息技术中包含潜在恶意功能和降低使用这些功能风险的问题。

2. 保护信息资源、信息系统和通信网络的科学技术问题：

（1）基本和最重要的应用密码学问题；

（2）信息处理技术手段、数据传输通道和信息载体安全保障的基本和最重要的应用物理技术问题；

（3）创建高性能计算系统和处理信息的方法以解决加密问题的问题；

（4）保护包含构成国家秘密的信息不受技术侦察影响的问题；

（5）在信息电信技术一体化融合、“物联网”“云技术”“大数据”发展的条件下，为保障俄罗斯联邦信息安全而开发和应用加密和技术信息保护手段以及分析和控制信息对象安全手段的问题；

（6）打击为恐怖主义目的利用信息技术对关键信息基础设施要素产生破坏性影响的问题；

（7）建立、改进和确保国家计算机攻击监测、预警和后果消除体系的问题；

（8）分布式、分类式和不同类别系统中信息的保护问题；

（9）关键信息基础设施体系安全试验研究的硬件、软件开发问题；

（10）为信息安全保障演习（培训）创建数学算法、软硬件和建模综合体的问题。

3. 业务侦查活动中使用信息技术的科学技术问题：

（1）完善利用信息技术侦查和制止实施犯罪的问题；

（2）在信息系统和通信网络中实施业务侦查活动的方法和手段问题。

三、俄罗斯联邦信息安全的人员保障问题：

1. 信息安全人员保障和信息安全领域职业教育内容发展的一般方法问题：

（1）俄罗斯联邦信息安全领域专家专业培训水平国家统一政策的形成问题；

（2）信息安全领域不同水平、方向的人力资源平衡预测和培训的问题；

（3）利用现代教育技术培训信息安全领域专家的方法问题；

（4）信息安全领域继续教育体系的科学、教育和方法支持问题以及职业教育内容的发展。

2. 信息安全领域培训体系的组织和规范性法律支持问题：

（1）改进俄罗斯联邦信息安全领域人员保障问题；

（2）信息安全领域统一培训体系的组织支持问题；

（3）信息安全领域人员培训制度的规范性法律支持问题。

3. 信息安全领域培训的资源和技术支持问题：

（1）信息安全领域各级教育计划后勤保障概念的科学论证和发展；

（2）开发和使用综合培训设施和网络空间靶场以确保信息安全领域教育计划的教育过程的问题。

4. 建立国际信息安全体系的问题：

（1）确保减少利用信息通信技术进行敌对行动和侵略行为的风险挑战，这些行动和侵略行为旨在破坏国家主权和领土完整，并对国际和平、安全和战略稳定构成威胁；

（2）建立"信息武器"不扩散的国际法律制度和减少使用信息武器的问题；

（3）在国际法体系中形成一种普遍的"建立信任措施"制度的问题，以应对利用信息通信技术实施敌对行动和侵略行为的威胁，确保信息空间军事活动的开放程度达到可接受的水平；

（4）与使用"信息武器"遏制和预防国家间冲突有关的国际法的调整和发展问题；

（5）恶意使用信息通信技术的资格问题以及监测国际信息安全领域威胁的国家间体系模式；

（6）打击为恐怖主义目的使用信息通信技术的挑战；

（7）跨境关键信息基础设施信息安全的保障问题；

（8）确保各国平等参与解决信息和通信网络互联网安全和可持续运作的问题；

(9) 建立和实施国家间措施体系以打击为极端主义目的使用全球信息基础设施的问题;

(10) 建立持续监测机制以防止将信息通信技术用于极端主义目的的问题;

(11) 在采取措施消除威胁通信网络互联网可持续、安全运行的匿名化行为与尊重每个人自由权利之间寻求平衡的问题;接受和传播各种信息、思想的同时,考虑到行使这些自由权利的特殊义务和责任以及为尊重他人权利、名誉和维护国家安全和公共秩序所必需的合法限制;

(12) 打击利用信息通信技术犯罪的问题;

(13) 改进分析和科学方法支持俄罗斯联邦在建立国际信息安全体系方面倡议的问题;

(14) 在实施可预见的技术创新时识别国际信息安全领域新威胁的问题;

(15) 保护各国在信息通信技术领域技术主权的措施与克服发达国家和发展中国家之间信息不平等取得平衡的问题;

(16) 改进各国执法机构在利用信息通信技术打击犯罪方面的国际合作的问题,包括加强各国执法机构在调查信息通信技术犯罪过程中的信息交流,以及改进关于处理这类犯罪案件的调查方法和司法实践的信息交流机制。

俄罗斯联邦安全会议信息安全跨部门委员会成员

（俄罗斯联邦总统2018年11月11日批准）

1. 俄罗斯联邦安全会议副秘书（委员会主席）；
2. 俄罗斯联邦数字发展、通信和大众传媒部副部长（委员会副主席）；
3. 俄罗斯联邦安全局局长（委员会副主席）；
4. 俄罗斯联邦总统信息安全领域国际合作问题特别代表；
5. 俄罗斯联邦交通部第一副部长；
6. 俄罗斯联邦内政部副部长；
7. 俄罗斯联邦民防、紧急情况和消除自然灾害后果部副部长；
8. 俄罗斯联邦文化部副部长；
9. 俄罗斯联邦科学和高等教育部副部长；
10. 俄罗斯联邦工业和贸易部副部长；
11. 俄罗斯联邦教育部副部长；
12. 俄罗斯联邦经济发展部副部长；
13. 俄罗斯联邦能源部副部长；
14. 俄罗斯联邦司法部副部长；
15. 俄罗斯银行第一副主席；
16. 俄罗斯联邦海关署第一副署长；
17. 俄罗斯联邦总统特别项目总局副局长；
18. 俄罗斯联邦通信、信息技术和大众传媒监督局副局长；
19. 俄罗斯联邦知识产权局副局长；
20. 俄罗斯联邦出版与大众传媒署副署长；
21. 俄罗斯联邦通信署副署长；
22. 俄罗斯联邦国家统计局副局长；

23. 俄罗斯联邦环境、技术与原子能监督局副局长；

24. 俄罗斯联邦金融监督局副局长；

25. 俄罗斯联邦对外情报局副局长；

26. 俄罗斯联邦税务局副局长；

27. 俄罗斯联邦保卫局副局长；

28. 俄罗斯联邦技术和出口监督局副局长

29. 俄罗斯联邦会议国防与安全委员会第一副主席（根据需要）；

30. 俄罗斯联邦国家杜马安全与反腐败委员会第一副主席（根据需要）；

31. 俄罗斯联邦武装力量总参谋部作战总局局长－俄罗斯联邦武装力量总参谋部第一副总参谋长；

32. 俄罗斯联邦国民近卫军通信总局局长－俄罗斯联邦国民近卫军总参谋部副总参谋长；

33. 俄罗斯联邦总统信息通信技术与通信基础设施发展局局长；

34. 俄罗斯联邦总统信息和公文保障局局长；

35. 俄罗斯联邦总统新闻局副局长；

36. 俄罗斯联邦政府办公厅主任；

37. 俄罗斯联邦安全会议顾问；

38. 俄罗斯联邦安全会议机构部门主管（委员会秘书）；

39. 俄罗斯石油公司安全部门负责人（根据需要）；

40. 俄罗斯国家原子能公司安全部门负责人；

40. （1）俄罗斯国家技术集团副总裁；

41. 俄罗斯天然气工业股份公司董事会副主席（根据需要）；

42. 俄罗斯联邦储蓄银行董事会副主席（根据需要）。

“信息保护”标准化技术委员会条例

（俄罗斯联邦技术和出口监督局2017年6月27日批准）

一、总则

1. “信息保护”标准化技术委员会是一个按照俄罗斯联邦国家标准化机关命令，由相关企业、组织和执行权力机关在自愿基础上组成的、开展信息保护领域国家、国家间（区域）和国际标准化工作的联合体。

2. “信息保护”标准化技术委员会履行国家间标准化技术委员会“信息保护”职能以及国际标准化组织、国际电工委员会“信息技术”联合技术委员会第二十七“信息技术保护方法”分委员会职能。

3. “信息保护”标准化技术委员会根据俄罗斯联邦国家标准化与计量委员会和国家技术委员会在2002年4月2日第81－151号命令创建。

俄罗斯联邦技术调节与计量署2017年6月27日第1442号命令批准了“信息保护”标准化技术委员会条例并任命了“信息保护”标准化技术委员会的主席、副主席和秘书长。

4. “信息保护”标准化技术委员会活动的目的是实施2002年12月27日第184号《俄罗斯联邦技术调节法》和标准化领域的其他规范性法律，促进国家、国家间（区域）和国际各种非文字方法信息保护领域的标准化工作。

5. “信息保护”标准化技术委员会在工作中遵循俄罗斯联邦法律以及质量控制和计量领域的规范性文件、国家标准化体系标准和俄罗斯联邦技术调节与计量署批准的其他规范性文件、国家间（区域）和国际标准、国际标准化组织和国际电工委员会指导文件以及以俄罗斯联邦为成员的其他国际标准化组织以及本条例。

6. “信息保护”标准化技术委员会为研究信息保护领域的国家标准方案和

其他标准化规范性文件（以下简称国家标准和其他标准化文件）、企业和组织进行的专利研究成果制定建议。

7. “信息保护”标准化技术委员会与“信息技术”标准化技术委员会、“加密信息保护”标准化技术委员会、“财务系统操作”标准化技术委员会及其他技术委员会合作开展工作。

8. “信息保护”标准化技术委员会负责全面、及时和高质量地实施信息保护领域的标准化工作，包括拟制国家标准草案和其他标准化规范性文件中所要求的内容。

9. 俄罗斯联邦技术调节与计量署、俄罗斯联邦技术和出口监督局负责对“信息保护”标准化技术委员会进行方法论方面的领导并负责协调“信息保护”标准化技术委员会的活动。

10. “信息保护”标准化技术委员会主席负责领导“信息保护”标准化技术委员会工作；“信息保护”标准化技术委员会主席由俄罗斯联邦技术调节与计量署根据俄罗斯联邦技术和出口监督局的建议任命。

11. “信息保护”标准化技术委员会主席组织“信息保护”标准化技术委员会活动、监督“信息保护”标准化技术委员会对其命令的执行并任命“信息保护”标准化技术委员会副主席。

12. “信息保护”标准化技术委员会秘书处以俄罗斯联邦技术和出口监督局国家信息技术保护科学试验研究所为基础组建，国家信息技术保护科学试验研究所负责“信息保护”标准化技术委员会秘书处工作的资金、组织和后勤保障，以及现代信息技术支持。

13. “信息保护”标准化技术委员会秘书处为“信息保护”标准化技术委员会的活动提供组织和技术支持，并传达和监督其决定的执行。秘书处的组成由国家信息技术保护科学试验研究所负责人根据“信息保护”标准化技术委员会秘书长的建议确定。秘书处的组织和管理由“信息保护”标准化技术委员会秘书长负责。“信息保护”标准化技术委员会秘书长由俄罗斯联邦技术调节与计量署根据俄罗斯联邦技术和出口监督局的建议任命。

14. “信息保护”标准化技术委员会权限范围的调整应使用包含“信息保护”标准化技术委员会详细信息的书面文件进行。

15. 在与具有类似活动领域（相关）的标准化技术委员会合作时，“信息保护”标准化技术委员会应遵循俄罗斯联邦技术调节与计量署2015年5月22日第601号命令“关于技术委员会在制定国家标准化文件方面的相互作用”以及标准化技术委员会和相关技术标准化委员会之间的相互作用协议。

二、“信息保护”标准化技术委员会的任务

“信息保护”标准化技术委员会的主要任务：

制定和审查国家标准草案和其他标准化规范性文件；

制定批准或否决国家标准草案和其他标准化规范性文件的合理化建议；

修订、修改及提出取消现行标准和其他标准化规范性文件的建议；

组织对国家、国家间（区域）和国际标准草案的专家审查；

促进在俄罗斯联邦适用国家间（区域）和国际标准，并使俄罗斯联邦关于信息保护问题的国家标准与国际标准协调一致；

参与制定国家标准方案，制定信息保护领域标准化工作的方案和年度计划；

在相关领域与国家标准化技术委员会合作；

按照既定程序参加国际和国家间（区域）标准化组织（包括国际标准化组织/国际电工委员会/第27分委员会/第1工作组）在信息保护领域的技术委员会的工作，以推动俄罗斯联邦国家标准成为国家间（区域）标准和国际标准；

制定国际和国家间（区域）标准的建议，以及关于俄罗斯联邦对国际和国家间（区域）标准化组织项目投票立场的建议；

编制国际标准的正式译文，以便转交俄罗斯联邦技术法规和标准信息基金会；

“信息保护”标准化技术委员会可以在其活动领域内执行其他任务，例如：参与技术法规草案、法规汇编的专家审查，编制标准化文件清单，在自愿的基础上确保遵守已通过的技术法规的要求，审查组织标准草案。

三、“信息保护”标准化技术委员会的活动领域及负责的标准化对象

“信息保护”标准化技术委员会的活动领域代码范围包括全俄标准化分类代码（国际标准化分类代码 001 – 96）001 – 2000：01. 040. 01；35. 020；35. 040；35. 240。“信息保护”标准化技术委员会负责的标准化对象代码范围包括全俄经济活动分类代码表 2：26. 20. 40. 140；72. 19. 29. 110；74. 90. 20. 140；74. 90. 20. 141；74. 90. 20. 142；74. 90. 20. 149。

四、“信息保护”标准化技术委员会的组成

1. “信息保护”标准化技术委员会由主席、副主席、由“信息保护”标准化技术委员会秘书长领导的秘书处和“信息保护”标准化技术委员会成员组织构成。

2. 在“信息保护”标准化技术委员会框架内，应设立分委员会以执行分配给“信息保护”标准化技术委员会的某些标准化对象（活动领域）的工作，并适当分配权限。分委员会负责人由“信息保护”标准化技术委员会主席任命。

“信息保护”标准化技术委员会的组成由俄罗斯联邦国家标准化机构的命令批准。

3. 为完成特殊任务，可在“信息保护”标准化技术委员会下设立工作组。“信息保护”标准化技术委员会可以与其他相关委员会代表组成联合工作组，在相互关联的标准化对象上开展工作。

4. “信息保护”标准化技术委员会包括两种地位成员：常任成员和观察员。

常任成员有表决权，并有义务遵守本条例、“信息保护”标准化技术委员会工作规则、“信息保护”标准化技术委员会决定和“信息保护”标准化技术委员会主席的要求。

观察员有权在“信息保护”标准化技术委员会、分委员会和工作组会议上进行咨询表决，并获得“信息保护”标准化技术委员会活动结果的文件。

5. 如有必要，“信息保护”标准化技术委员会主席应邀请其他非“信息保护”标准化技术委员会成员组织的专家就正在制定的标准草案、“信息保护”标准化技术委员会构想的制定、“信息保护”标准化技术委员会活动计划的制定和其他问题提供咨询。

五、“信息保护”标准化技术委员会的成员

1. “信息保护”标准化技术委员会成员组织名单由俄罗斯联邦国家标准化机构的命令批准。

2. 加入“信息保护”标准化技术委员会是自愿的。

3. “信息保护”标准化技术委员会向在信息保护领域积极活动、承认本条例并执行其会议决定的其他组织开放。

4. “信息保护”标准化技术委员会成员组织应向秘书处报告：

邮政地址和法定地址；

组织形式；

负责人的姓名和父称；

“信息保护”标准化技术委员会中授权代表的姓名和父称，包括电话号码、传真号码和电子邮件地址；

“信息保护”标准化技术委员会活动领域专家的工作经验和资格信息；

“信息保护”标准化技术委员会（小组）的成员类型。

6. 如果“信息保护”标准化技术委员会成员的详细信息发生变化或其授权代表发生变化，“信息保护”标准化技术委员会成员组织的负责人应在 5 天

内通知“信息保护”标准化技术委员会秘书处。

六、“信息保护”标准化技术委员会的代表

1. “信息保护”标准化技术委员会的成员组织通过其全权代表参与“信息保护”标准化技术委员会的工作，并为与这些活动有关的所有费用提供资金。全权代表直接在其组织内、在“信息保护”标准化技术委员会工作会议上以及通过“信息保护”标准化技术委员会秘书处的通信方式履行其职责。

2. 全权代表应接收“信息保护”标准化技术委员会秘书处发送的所有信件，并负责将材料及时转交给“信息保护”标准化技术委员会秘书处工作人员，参加“信息保护”标准化技术委员会会议，并代表其组织投票。

“信息保护”标准化技术委员会的成员组织代表可以参加“信息保护”标准化技术委员会代表会议；在这种情况下，必须确定代表该组织投票的人。

七、“信息保护”标准化技术委员会成员组织的权利

“信息保护”标准化技术委员会成员组织有权参与“信息保护”标准化技术委员会开展的下列工作：

接收“信息保护”标准化技术委员会组织的标准草案和其他标准化文件供审议，并就此发表意见；

参加“信息保护”标准化技术委员会（分委员会，小组）会议上标准草案和其他标准化文件的讨论；

就制定标准和其他标准化文件提出建议并参与制定；

从秘书处接受“信息保护”标准化技术委员会的资料。

八、“信息保护”标准化技术委员会成员组织的职责

“信息保护”标准化技术委员会常任成员组织有下列职责：

参与制定、确定信息保护领域标准化构想；

根据“信息保护”标准化技术委员会（分委员会，小组）的工作计划，参与制定国家标准草案、其他标准化文件及其有效性论证；

参加“信息保护”标准化技术委员会委员会、分委员会和工作组的所有会议；

在规定期限内，向“信息保护”标准化技术委员会（分委员会，小组）秘书处提交对“信息保护”标准化技术委员会组织的所有标准草案和其他标准化文件的建议（与这些标准草案和其他标准化文件的专家审查有关的工作由“信息保护”标准化技术委员会成员组织无偿进行）；

在规定期限内（面对面或书面）就投票问题提出意见；

在规定期限内，向国家标准方案草案、“信息保护”标准化技术委员会工作计划和其他国家、国家间（区域）和国际信息保护标准的方案提交建议；

在规定期限内执行“信息保护”标准化技术委员会和“信息保护”标准化技术委员会主席的决定；

未经“信息保护”标准化技术委员会主席同意，不得代表“信息保护”标准化技术委员会在媒体上发言，也不得公布（包括使用现代信息技术）“信息保护”标准化技术委员会活动结果的数据；

不采取可能损害国家标准化目标、任务以及“信息保护”标准化技术委员会活动的行动；

“信息保护”标准化技术委员会观察员组织有下列职责：

不采取可能损害国家标准化目标、任务以及“信息保护”标准化技术委员会活动的行动；

未经“信息保护”标准化技术委员会主席同意，不得代表“信息保护”标准化技术委员会在媒体上发言，也不得公布（包括使用现代信息技术）“信息保护”标准化技术委员会活动结果的数据。

九、“信息保护”标准化技术委员会主席

“信息保护”标准化技术委员会主席：

与“信息保护”标准化技术委员会秘书处和成员组织合作，制定“信息保护”标准化技术委员会活动战略，组织“信息保护”标准化技术委员会会议，审查标准草案和其他标准化文件；

在所有公开和公共组织中代表“信息保护”标准化技术委员会，并负责“信息保护”标准化技术委员会职权范围内的所有事项，包括更新信息；

任命“信息保护”标准化技术委员会副主席，确保在主席缺席期间行使其职权；

在其副手之间分配职责，协调和监督他们的工作；

确保执行国家标准化机构关于“信息保护”标准化技术委员会活动的决定；

组织制定并批准“信息保护”标准化技术委员会长期工作计划；

批准“信息保护”标准化技术委员会工作规则；

要求在“信息保护”标准化技术委员会成员组织的管理层中替换表现不佳的代表；

“信息保护”标准化技术委员会主席也有权：

成立一个由“信息保护”标准化技术委员会成员组成的工作组，在审查过程中审议国家标准草案；

确定“信息保护”标准化技术委员会成员对专家意见和（或）国家标准草案是否存在原则性分歧；

就国家标准草案达成共识。

十、“信息保护”标准化技术委员会秘书处

“信息保护”标准化技术委员会秘书处负责：

核实开发人员提交的文件格式的正确性，包括标准草案、解释性说明和反馈摘要，以及标准草案是否与联邦执行机构协调（如果俄罗斯联邦法律规定）；

编写国家标准草案和其他标准化文件，以供审查和批准；

根据“信息保护”标准化技术委员会成员组织的意见和建议以及收到的利益相关者的书面意见，编写关于国家标准草案的专家意见和其他标准化文件，供“信息保护”标准化技术委员会会议审议；

编写国家标准制定方案提案，参与国家间标准化工作；

起草“信息保护”标准化技术委员会工作计划；

组织和召开“信息保护”标准化技术委员会会议；

维护“信息保护”标准化技术委员会活动领域的规范性文件信息；

向“信息保护”标准化技术委员会成员发送文件（通常以电子形式），包括对国家标准草案和其他标准化文件进行专家审查；

向俄罗斯联邦技术调节与计量署、俄罗斯联邦技术和出口监督局提交关于“信息保护”标准化技术委员会上一年活动成果的年度综合信息；

将数据输入国家标准化机构的自动化信息系统；

组织与“信息保护”标准化技术委员会活动领域有关的国际标准的俄文翻译（并提供技术编辑），并将其提交给俄罗斯联邦技术法规和标准信息基金会；

与相关活动领域的国家技术委员会、国际标准化组织、国际电工委员会、欧亚标准化委员会、计量和认证技术委员会以及其他标准化组织合作；

编写关于国家间（区域）和国际标准草案的结论，并将其提交国家标准化机构，说明对该项目的立场；

向“信息保护”标准化技术委员会成员组织发送决定。

十一、“信息保护”标准化技术委员会会议

1. “信息保护”标准化技术委员会会议的日期、时间和地点以及工作议程的内容由“信息保护”标准化技术委员会主席决定。

2. “信息保护”标准化技术委员会会议应由“信息保护”标准化技术委员会主席或其替代人主持。

会议主持人有责任确保每个与会者都有权发表自己的意见。

3. “信息保护”标准化技术委员会会议的法定人数为“信息保护”标准化技术委员会常任理事国名单的50%。

4. “信息保护”标准化技术委员会秘书处应将会议的日期和地点通知“信息保护”标准化技术委员会成员，并在会议开始前至少1个月将会议议程连同正在审议的文件草案一起分发（或张贴在“信息保护”标准化技术委员会网站上）。

5. “信息保护”标准化技术委员会会议是公开的。

6. “信息保护”标准化技术委员会的决定应在会议上以表决方式通过。

7. 在合理的情况下，可以通过通信投票（包括电子投票）对任何问题作出决定，但如果“信息保护”标准化技术委员会的任何成员提议在会议上审议该问题，“信息保护”标准化技术委员会秘书处应将该问题列入下一次会议的议程。

8. 为了参加“信息保护”标准化技术委员会会议，“信息保护”标准化技术委员会的成员组织应派遣其全权代表或组成代表团，并指定代表团团长，代表团团长有权代表该组织投票。

9. “信息保护”标准化技术委员会的每一位成员，不论其代表团的规模大小都有一票表决权。

10. “信息保护”标准化技术委员会会议记录应载明会议日期和地点、出席会议的个人及其所代表的组织、会议议程、提交表决的问题及其表决结果和通过的决定。“信息保护”标准化技术委员会会议记录由“信息保护”标准化技术委员会副主席和（或）秘书长签署。

11. 如果参加会议的“信息保护”标准化技术委员会（分委员会，小组）常任成员组织名单上超过50%的人投了赞成票，或者在无法出席会议的情况下就审议的问题提交了书面意见，则该决定被视为通过。

12. 如果至少有2/3的出席会议的“信息保护”标准化技术委员会常任成员同意取消现行标准，或在无法出席会议的情况下就审议中的问题提出书面意见，则应视为通过了取消现行标准的决定。

13. 在作出决定前，“信息保护”标准化技术委员会秘书处应向与会者提供一份书面决定草案。

与会者应尽一切努力以协商一致方式通过会议的决定，特别是关于国家和国家间标准草案的决定。

14. 具有观察员地位的“信息保护”标准化技术委员会成员组织的代表和非“信息保护”标准化技术委员会成员组织的代表有权参加会议议程上任何问题的讨论，但不得参加表决。

15. 参加“信息保护”标准化技术委员会会议不需要任何组织捐助。

16. “信息保护”标准化技术委员会会议的决定由“信息保护”标准化技术委员会秘书长签署，由会议主持人批准，并分发给“信息保护”标准化技术委员会的所有成员组织。

十二、申诉

任何法人或自然人均可就下列事项向国家标准化机构提出申诉：

“信息保护”标准化技术委员会决定；

“信息保护”标准化技术委员会秘书处活动。

十三、“信息保护”标准化技术委员会组成和结构变更程序

1. 加入“信息保护”标准化技术委员会的先决条件是该组织在“信息保护”标准化技术委员会活动领域的运作，以及从事与使用构成国家机密的信息或活动有关的工作（或具备国家机密保护领域服务的许可证）。

2. 接纳具有常任成员地位的新组织加入“信息保护”标准化技术委员会的问题，应根据“信息保护”标准化技术委员会会议上的“信息保护”标准化技术委员会候选组织的书面申请或“信息保护”标准化技术委员会常任成员的书面申请（通过通信投票或其他电子方式作出决定）进行审议，并由“信息保护”标准化技术委员会主席批准。

3. 具有常任成员地位的组织应具有制定国家标准的工作经验，并应根据俄

罗斯联邦技术和出口监督局的命令开展工作。

4. 如果超过“信息保护”标准化技术委员会常任成员50%的成员投票赞成，则该组织被视为“信息保护”标准化技术委员会的成员。

5. 接纳新组织为“信息保护”标准化技术委员会观察员的问题由“信息保护”标准化技术委员会秘书处审查，并由“信息保护”标准化技术委员会主席批准。

6. 在以下情况下终止“信息保护”标准化技术委员会成员资格：

根据自己的意愿退出“信息保护”标准化技术委员会；

被“信息保护”标准化技术委员会排除在外；

在自愿退出“信息保护”标准化技术委员会的情况下，在“信息保护”标准化技术委员会秘书处收到包含自愿退出“信息保护”标准化技术委员会信息的书面申请后，成员资格将被视为丧失。

7. 在下列情况下，“信息保护”标准化技术委员会成员可以从“信息保护”标准化技术委员会中除名：

不参与“信息保护”标准化技术委员会工作；

不遵守“信息保护”标准化技术委员会和“信息保护”标准化技术委员会主席的决定；

采取有损国家标准化思想和目标的行动；

不履行其他承诺。

8. 如果超过“信息保护”标准化技术委员会常任成员50%的成员投票赞成，则该组织被视为已失去“信息保护”标准化技术委员会成员资格。

9. “信息保护”标准化技术委员会秘书处每年向国家标准化机构提交关于“信息保护”标准化技术委员会组成变化的信息，以便在“技术委员会”自动化信息系统中输入信息。

10. 关于改变“信息保护”标准化技术委员会结构的决定由国家标准化机构根据技术委员会主席的建议或俄罗斯联邦技术和出口监督局决定的倡议作出。

十四、“信息保护”标准化技术委员会工作规划和组织基础

1. “信息保护”标准化技术委员会工作的规划和组织是根据俄罗斯联邦技术和出口监督局和俄罗斯技术调节与计量署的任务进行的。

制定标准化方案和年度工作计划的参考文件是：

“信息保护”标准化技术委员会成员关于制定新的和修订（废除）现行国家标准和其他标准化文件的建议；

统一标准的计划；

企业、协会、组织等的申请。

2. “信息保护”标准化技术委员会秘书处应编制“信息保护”标准化技术委员会的方案和工作计划草案，并确保其得到“信息保护”标准化技术委员会常任成员的审查。

关于“信息保护”标准化技术委员会工作方案和计划草案应以表决方式作出；

未就文件草案提出书面提案应视为同意所讨论的文书草案。

3. “信息保护”标准化技术委员会（分委员会，小组）根据“信息保护”标准化技术委员会成员进行的研究和开发工作的结果以及根据国家标准俄罗斯联邦 1.2 –2014 标准规定的程序从事“信息保护”标准化技术委员会主题工作的其他组织的科学和技术成果，编制标准草案和其他标准化文件。

4. 在起草和审议文件草案过程中出现的分歧应由俄罗斯联邦技术和出口监督局作出决定。

十五、“信息保护”标准化技术委员会的重组和清算程序

“信息保护”标准化技术委员会可以根据“信息保护”标准化技术委员会会议的决定、俄罗斯联邦技术调节与计量署的决定和与俄罗斯联邦技术和出口监督局的商定，按照《俄罗斯联邦民法典》规定的程序进行重组或清算。